S. Pushpa Mala

Marcação de água em imagens médicas

S. Pushpa Mala

Marcação de água em imagens médicas

Com pormenores desde os conceitos até à aplicação

ScienciaScripts

Imprint

Any brand names and product names mentioned in this book are subject to trademark, brand or patent protection and are trademarks or registered trademarks of their respective holders. The use of brand names, product names, common names, trade names, product descriptions etc. even without a particular marking in this work is in no way to be construed to mean that such names may be regarded as unrestricted in respect of trademark and brand protection legislation and could thus be used by anyone.

Cover image: www.ingimage.com

This book is a translation from the original published under ISBN 978-3-330-34719-9.

Publisher:
Sciencia Scripts
is a trademark of
Dodo Books Indian Ocean Ltd. and OmniScriptum S.R.L publishing group

120 High Road, East Finchley, London, N2 9ED, United Kingdom
Str. Armeneasca 28/1, office 1, Chisinau MD-2012, Republic of Moldova, Europe
Printed at: see last page
ISBN: 978-620-7-93233-7

ÍNDICE

Reconhecimento

"A vontade de Deus nunca te levará onde a Graça de Deus não te protegerá." Obrigado Deus por me mostrar o caminho. . .

Devo uma profunda gratidão a todos aqueles que contribuíram grandemente para a realização desta tese. Em primeiro lugar, gostaria de agradecer ao Dr. Sandeep Shastri, Pró-Vice-Chanceler da Universidade de Jain, pelas suas aulas de metodologia de investigação que motivaram e abriram portas para o meu percurso de investigação. Os meus sinceros agradecimentos à Dra. Mythili Rao, Decana de Línguas, Coordenadora da Investigação e ao Sr. Krishna, Coordenador do Doutoramento, Universidade de Jain, pelo seu apoio atempado. Agradeço a todos os funcionários e investigadores da Universidade de Jain por me terem ajudado. Gostaria de exprimir a minha sincera gratidão ao meu orientador, Dr. D. Jayadevappa, Professor, Department of Electronic Instrumentation Engneering, JSSATE, Bengaluru, por me ter proporcionado uma plataforma para trabalhar nas áreas desafiantes e infantis da Marcação de Água em Imagens Médicas. Os seus conhecimentos profundos e a sua atenção aos pormenores foram uma verdadeira inspiração para a minha investigação. Agradeço à Direção do Instituto de Tecnologia de Sambhram e ao Dr. H.G Chandrakanth, Diretor do Instituto de Tecnologia de Sambhram, Bengaluru, por me encorajarem em todas as minhas actividades durante o meu programa de doutoramento. Estou muito grato ao Dr. C.V. Ravishankar, HOD, Dept. of ECE, Sambhram Institute of Technology, por ter feito comentários perspicazes em diferentes fases da minha investigação, que foram de facto estimulantes. Os meus agradecimentos especiais ao Prof. K. Ezhilarasan, Asso. Prof., Dept. of ECE, Sambhram Institute of Technology, pela sua contribuição para o aumento da qualidade do trabalho e para a elaboração desta tese. Gostaria de agradecer ao Dr. Basavar Neelgar, Presidente da Universidade Dayananda Sagar, ao Prof. C. Rangaswamy, ao Prof. Yashodhara C.L., ao Prof. M.M.Ahmed, ao Prof. Sowndeswari, ao Prof. Anil Kumar e ao Prof. Shiva Prasad pelo seu apoio e encorajamento nos meus esforços. Acima de tudo, nada disto teria sido possível sem o amor e a paciência da minha família. Os meus pais, Sri Siddaraju M e Smt. Sunanadamma C, têm sido uma fonte constante de amor, preocupação, apoio e força durante todos estes anos. Gostaria de lhes exprimir a minha sincera gratidão.

Sra. Pushpa Mala S

Resumo

Esta tese aborda as questões da autenticidade, integridade, confidencialidade e sigilo das comunicações de imagens médicas. Os sistemas de informação hospitalar, os sistemas de informação de radiologia e os sistemas de comunicação e arquivo de imagens proporcionam novas formas de armazenar, aceder e distribuir dados médicos. Estes sistemas são os alicerces da infraestrutura de informação dos actuais sistemas de cuidados de saúde e envolvem também riscos de segurança. A marca de água é vista como uma ferramenta para medidas de segurança. A tradição médica é muito rigorosa e está sujeita a regras legislativas. Os sistemas de marca de água desenvolvidos para imagens médicas têm de ser robustos e a região de interesse tem de estar intacta. Estes esquemas possuem atributos diferentes dos desenvolvidos para imagens convencionais. Os sistemas de marca de água desenvolvidos para imagens médicas servem como controlo de integridade e devem ser capazes de autenticar a imagem médica.

Nesta tese, são propostas três técnicas de marca de água. Primeiro, um esquema de marca de água SVD baseado em blocos em que a marca de água é incorporada no domínio SVD da imagem. Em segundo lugar, um esquema de marca de água robusto que utiliza o FRWPT. Este esquema prevê três níveis de segurança e é capaz de proporcionar uma proteção considerável contra vários ataques. Em terceiro lugar, a marca de água utiliza o FRWPT baseado em splines. Neste caso, a imagem anfitriã tem um ataque inerente e a marca de água é incorporada na imagem de ataque. Para além de garantir a segurança, este esquema oferece uma robustez considerável e resiste completamente a pelo menos um ataque. Por último, é apresentada uma avaliação comparativa dos esquemas propostos.

Capítulo 1: Introdução

A evolução das tecnologias da informação facilitou o acesso, a manipulação e a distribuição de dados digitais. A autenticação, a propriedade, a proteção dos direitos de propriedade intelectual e a segurança dos dados são factores que suscitam grande preocupação. Um dos esforços para resolver estas questões é a proteção dos dados digitais. A segurança não é uma questão estritamente tecnológica. A segurança tem mais a ver com as pessoas do que com a tecnologia envolvida no seu fornecimento. O sistema que é considerado mais seguro pode ser inutilizado por um utilizador não ético. Na realidade, não existem medidas de segurança totais. O nível de segurança alcançado depende, em última análise, dos níveis pessoais e da tecnologia aplicada. Além disso, a segurança não está estagnada. É um processo em evolução. Por conseguinte, os avanços tecnológicos exigem actualizações do processo de segurança.

A marca de água em imagens digitais é um processo de proteção de dados digitais, especialmente imagens, uma vez que estas contêm informações redundantes. Um algoritmo desenvolvido para uma imagem pode também ser atualizado para um vídeo. Além disso, a disponibilidade de bancos de ensaio permite à maioria dos investigadores aprofundar o desenvolvimento de esquemas de marca de água que sejam robustos. Em geral, a marca de água digital consiste em esconder uma mensagem (logótipo) relacionada com o sinal digital no interior do sinal digital (imagem).

A marca de água requer chaves secretas para identificação. As chaves secretas podem incluir detalhes de identificação do proprietário, datas de transação, números de série, LOGO, imagens com importância especial. A maioria dos algoritmos de marca de água tem um único objetivo. São desenvolvidos para proteção dos direitos de autor ou para autenticação de conteúdos. Os esquemas de marcas de água multifuncionais são desenvolvidos para atingir múltiplos objectivos. Estes esquemas são definidos como esquemas de marcas de água multifuncionais.

Na literatura, é proposto um grande número de técnicas e algoritmos. Em termos gerais, estes métodos são classificados com base nos níveis de percetividade e no domínio em que o algoritmo é desenvolvido. O número de algoritmos de marca de água desenvolvidos para imagens é elevado e existe sempre um compromisso entre estes métodos. Este facto deve-se às variações nas características das diferentes modalidades de imagem.

Algumas das aplicações comuns em que a marca de água é adoptada incluem (Fung 2011) - Monitorização de emissões: Esta é a primeira e a mais antiga aplicação da marca de água em imagens digitais. Estas técnicas de marca de água são utilizadas para confirmar a informação que é suposto ser transmitida. Ex- Anúncios comerciais.

- Identificação do proprietário: É importante identificar o proprietário de um determinado documento.

A tarefa de identificar o proprietário é difícil em casos de violação de direitos de autor.

- Impressão digital: Esta é outra aplicação da identificação da propriedade, uma vez que as impressões digitais são sempre únicas para o proprietário do conteúdo digital.

- Rastreio de transacções: A marca de água incorporada mantém o registo das transacções que ocorrem na história. Ex- A marca de água é utilizada para registar o destinatário de cada cópia legal de um filme, incorporando uma marca de água diferente em cada cópia. Se o filme for objeto de fuga de informação, os proprietários podem identificar a fonte da fuga.

- Proteção dos direitos de autor: A marca de água é utilizada para impedir a cópia ilegal.

Ex- Incorporação de uma marca de água para impedir a cópia ilegal de canções/filmes. Esta marca de água instruiria o DVD/CD compatível com a marca de água para não gravar o filme/canção porque o conteúdo é ilegal, embora a cópia seja permitida. A marca de água deve sobreviver às transformações normais do sinal e às tentativas de remoção da marca de água para impedir a cópia ilegal (Cox 1998: 587-593).

A pirataria cresceu juntamente com o sector cinematográfico. De acordo com um relatório de colaboração Hollywood-Bollywood apresentado na Ficci Frames (a convenção anual da Federação das Câmaras de Comércio e Indústria da Índia), este facto terá custado à indústria cinematográfica indiana cerca de 16 240 milhões de rupias em receitas em 2008, um montante quase equivalente a 40% das receitas potenciais da indústria cinematográfica.

http://www.firstpost.com/bollywood/after-udta-punjab-leak-filmmakers-speak-out- against-piracy-illegal-downloads-2838442-june-2016.html

- Arquivamento de conteúdos: Um identificador de objeto digital pode ser utilizado como marca de água para arquivar conteúdos digitais (imagem, vídeo). Ex- Classificação e organização de conteúdos digitais por nomes de ficheiros.

- Inserção de metadados: A descrição dos dados digitais é constituída por metadados. Esses dados podem ser utilizados como marca de água. Ex: os centros de digitalização inserem metadados. Estes metadados fornecem pormenores sobre a data da digitalização, a identificação do doente, etc.

- Deteção de adulteração: Podem ser incorporadas marcas de água frágeis nos conteúdos digitais. A degradação/ausência desta marca de água indica que o conteúdo digital foi modificado ou adulterado.

- Imagiologia médica: A marca de água é utilizada na imagiologia médica para manter a fiabilidade, a confidencialidade e a disponibilidade dos dados médicos. Os dados médicos incluem EPR (registos electrónicos de doentes), raios X, CT-SCAN e outros dados relacionados.

1.1. Marcação de água de imagens médicas

Os dados médicos em formato digital incluem dados do HIS (Sistema de Informação Hospitalar), RIS (Sistema de Informação de Radiologia), PACS (Sistema de Arquivamento e Comunicação de Imagens) e telemedicina. Além disso, as bibliotecas médicas digitais dão acesso ao EPR, ao HIS e ao RIS. Os avanços tecnológicos conduziram a novas formas de armazenar, aceder e distribuir estes dados médicos. Este facto aumentou ainda mais o potencial das aplicações de telemedicina.

As aplicações modernas de telemedicina podem ser classificadas como teleconsultoria, telediagnóstico, telerradiologia e telecirurgia. Estas aplicações permitem que as imagens médicas sejam amplamente transmitidas através de meios electrónicos. Embora esta transmissão remota contribua para melhorar os aspectos dos cuidados de saúde de um indivíduo, os dados médicos estão sujeitos a várias ameaças. Estas ameaças incluem a divulgação não autorizada de informações, a cópia de informações proibidas por um utilizador e a destruição ou modificação de registos médicos. A marca de água tem sido vista como um método para resistir às várias ameaças, melhorando ainda mais a segurança na telemedicina. Os algoritmos de marca de água de imagens médicas são desenvolvidos para proteger a integridade e a autenticidade das imagens médicas em telerradiologia.

1.2. Desafios da marca de água em imagens médicas

Os sistemas de saúde enfrentam uma grande variedade de desafios ao lidarem com enormes quantidades de dados médicos. Nestas condições, existe o risco de o RPE circular nas redes abertas e ser acedido. É necessário proteger a informação médica. A segurança das informações médicas decorre de regras éticas e legislativas rigorosas, para manter os direitos do doente e garantir o cumprimento eficiente dos deveres do profissional de saúde. A marca de água em imagens médicas é uma tarefa difícil e tem de ser efectuada com especial cuidado devido às seguintes razões (Mousavi 2014: 714-729)

- O processo de marca de água não deve alterar a qualidade da imagem.

- As informações confidenciais incorporadas na imagem anfitriã (imagem médica) devem ser recuperadas sem erros.

Além disso, no domínio da imagiologia médica, podem ser interpretadas duas situações extremas de modificação de dados.

- Em primeiro lugar, a transmissão de dados médicos através da rede pública, como na telemedicina, na telecirurgia e nas aplicações que tratam da consulta de bases de dados, conduz a erros de transmissão, a falhas nas modalidades de segurança (firewalls) e a falhas nos terminais finais. A marca de água desempenha um papel importante nestas circunstâncias, de forma semelhante à desenvolvida para a comunicação de imagens.

- Em segundo lugar, no âmbito da rede hospitalar, embora as transmissões sejam efectuadas sem perdas ao abrigo da segurança local, podem surgir problemas devido a ataques maliciosos ou negligência humana.

Tendo em conta os desafios discutidos, os algoritmos de marca de água desenvolvidos para imagens médicas devem permitir

- Fiabilidade: Este aspeto tem duas vertentes.

i) Integridade: Uma imagem adulterada resulta em diagnósticos incorrectos, tratamentos inadequados e investigação não solicitada.

ii) Autenticidade: A imagem médica deve ser autêntica. Este fator identifica a autoria da informação.

- Disponibilidade: Implica a capacidade de um sistema de informação ser utilizado pelos utilizadores autorizados.

- Confidencialidade/Sigilo das comunicações: Isto implica que apenas os utilizadores autorizados podem aceder à imagem, mantendo assim a confidencialidade das trocas entre o médico e o doente.

Para além dos desafios discutidos, a ROI (Região de Interesse) da imagem médica deve estar intacta e o esquema de marca de água deve permitir a autenticação e a integridade da imagem.

1.3. Medidas de desempenho

A maioria dos sistemas de marca de água adoptou diferentes bancos de ensaio e várias metodologias para testar o desempenho dos sistemas propostos. Este processo não permitia efetuar uma análise comparativa sem a reimplementação dos sistemas existentes. Esta reimplementação foi por vezes difícil devido à variação dos bancos de ensaio. Além disso, os resultados também eram discrepantes. Eram necessárias metodologias de avaliação com padrões de referência normalizados.

(Petitcolas 2000: 58-64) identificar o objetivo do algoritmo proposto é o primeiro passo do esquema de avaliação. As medições de BER e a probabilidade de deteção retratam a robustez do esquema proposto. Os níveis de percetibilidade variam entre invisível, ligeiramente visível e completamente visível.

As seguintes medidas de qualidade são adoptadas para avaliar o desempenho do esquema de marca de água.

MSE - Mean Square Error (Erro Quadrático Médio) é definido como a diferença média ao quadrado entre a imagem anfitriã e a imagem distorcida. O MSE é dado por

$$MSE = \frac{1}{pq}\left[\sum_{i=1}^{p}\sum_{j=1}^{q}\left(N(i,j) - W(i,j)\right)^{2}\right] \tag{1.1}$$

onde,

p e q = altura e largura da imagem, respetivamente, $N(i,j)$ = valores dos pixels da imagem original, e

$W(i,j)$ = valores de pixéis da imagem com marca de água.

PSNR - O rácio sinal/ruído de pico determina a qualidade da marca de água extraída e é dado por

$$PSNR = 10\log_{10}\left(\frac{NXN}{MSE}\right) \tag{1.2}$$

onde,

N = valor de pico do sinal original e

MSE = Erro quadrático médio

BER - O rácio de erro de bits representa o número de bits de erro no total de bits recebidos. Esta métrica compara a imagem anfitriã e a imagem com marca de água.

$$BER = \frac{C}{HXW}$$

$$(1.3)$$

onde,

H e W representam a altura e a largura da imagem com marca de água, e C indica o número de bits recebidos com erro.

O SSIM é utilizado para medir a semelhança entre duas imagens como uma melhoria em relação ao PSNR e ao MSE. Esta métrica é calculada em várias janelas de uma imagem. Considere duas janelas p, q de tamanho $N X N$, então

$$SSIM = \frac{\left(2\mu_p\mu_q + c_1\right)\left(2\sigma_{pq} + c_2\right)}{\left(\mu_p^2 + \mu_q^2 + c_1\right)\left(\sigma_p^2 + \sigma_q^2 + c_2\right)}$$

$$(1.4)$$

onde,

μ_p, μ_q é a média de p e q, respetivamente,

σ_p^2 é a variância de p, e

σ_q^2 é a variância de q.

Coeficiente de correlação - O coeficiente de correlação é uma medida qualitativa que determina o grau em que os movimentos de duas variáveis estão associados. O intervalo do coeficiente de correlação associado a duas variáveis é de -1,0 a 1,0. Uma correlação de -1,0 aponta para uma correlação negativa impecável, enquanto uma correlação de 1,0 aponta para uma correlação positiva impecável.

O coeficiente de correlação de duas matrizes é dado por

$$r = \frac{\sum_m\sum_n\left(A_{mn} - \overline{A}\right) - \left(B_{mn} - \overline{B}\right)}{\sqrt{\sum_m\sum_n\left(A_{mn} - \overline{A}\right)^2 - \sum_m\sum_n\left(B_{mn} - \overline{B}\right)^2}}$$

$$(1.5)$$

onde,

$\overline{A}$ = média (A) e

$\overline{B}$ = média(B).

Além disso, a complexidade computacional também desempenha um papel importante nas aplicações em tempo real.

1.4. Motivação

No cenário atual, a evolução das tecnologias multimédia e de comunicação permite novos meios de acesso remoto aos dados médicos dos doentes. A Internet permite que as pessoas acedam a imagens médicas à distância. A telemedicina é uma aplicação que permite a transferência de dados médicos para diagnóstico à distância. A telemedicina permite a transferência de dados médicos através da rede pública de telecomunicações comutadas (PSTN). Estes dados têm de ser transferidos de forma segura através da rede para um diagnóstico correto na extremidade remota. A marca de água em imagens médicas é uma técnica que permite a segurança dos dados médicos, a autenticação dos dados médicos e a manutenção da integridade. Isto evita diagnósticos incorrectos por parte do médico na extremidade remota.

1.5. Objectivos

Os principais objectivos deste trabalho podem ser resumidos da seguinte forma:

- Estudar os esquemas de marca de água médica disponíveis na literatura e identificar os seus méritos e deméritos.
- Estudar o desempenho do esquema baseado em SVD para imagens convencionais e médicas e identificar os requisitos do esquema de marca de água de imagens médicas.
- Explorar as formas de minimizar o impacto dos ataques antes da fase de incorporação da marca de água.
- Desenvolver o esquema de marca de água baseado na Fractional Wave Packet Transform (FRWPT) e estudar a robustez do algoritmo sob vários ataques.
- Incorporar um ataque inerente ao esquema de marca de água desenvolvido, para garantir a capacidade do esquema proposto de resistir a pelo menos um ataque grave.
- Desenvolver um esquema de marca de água baseado em spline FRWPT e estudar a robustez dos algoritmos sob vários ataques.
- Comparar o desempenho destes algoritmos em termos de percetividade, fiabilidade, segurança, reconstrução, reversibilidade e robustez.

1.6. Organização da tese

Este capítulo introdutório (Capítulo 1) sobre a marca de água em imagens médicas apresenta um historial da marca de água em imagens digitais, aplicações e desafios. A marca de água em imagens médicas coloca vários desafios. Neste capítulo, são identificadas várias medidas de desempenho para avaliar estes algoritmos de marca de água, a motivação que leva à necessidade de realizar este trabalho de investigação e os objectivos.

Os restantes capítulos estão organizados da seguinte forma. O Capítulo 2 trata da pesquisa bibliográfica. Este capítulo começa com a classificação das técnicas de marcação de água em imagens digitais. São discutidas as vantagens, desvantagens e limitações dos vários algoritmos disponíveis. No decurso da pesquisa bibliográfica, observa-se que os esquemas de marca de água desenvolvidos para imagens convencionais não são adequados para imagens médicas. Os algoritmos desenvolvidos para imagens médicas são identificados, as suas características, vantagens e desvantagens são discutidas, conduzindo aos algoritmos propostos.

O capítulo 3 analisa o desempenho do esquema de marca de água SVD para imagens médicas e convencionais. Este algoritmo foi desenvolvido para identificar os requisitos da marca de água em imagens médicas. As desvantagens impostas pelos sistemas de marca de água baseados em SVD podem ser ultrapassadas através de técnicas de domínio da frequência.

No Capítulo 4, propõe-se a criação de marcas de água em imagens médicas utilizando FRWPT e analisa-se o desempenho deste esquema para imagens médicas. Além disso, é imposto um ataque inerente à imagem anfitriã e é efectuada a marca de água. A análise do desempenho deste esquema é discutida no Capítulo 5. Finalmente, no Capítulo 6, é apresentada uma análise comparativa dos resultados obtidos com os esquemas propostos acima referidos. Este capítulo inclui ainda as observações finais e apresenta futuras direcções de investigação.

Esta tese inclui ainda anexos com informações sobre os resultados da investigação. Uma cópia das publicações está incluída nesta secção.

Capítulo 2: Revisão da literatura

2.1. Introdução

As imagens são adquiridas através de satélites, fotografia e dispositivos de imagiologia médica. Estas imagens permanecem degradadas durante a sua transmissão através dos meios electrónicos. A história ensina-nos uma lição sobre comunicações seguras. De facto, diz que a comunicação não tem de ser feita através de canais de comunicação normais. Isto deve-se ao ruído da imagem, a perturbações devidas a influências externas e a manipulações forçadas das imagens originais. Neste cenário, as imagens têm de ser protegidas para efeitos de autenticidade e direitos de autor.

Com o advento da tecnologia, o armazenamento e a transmissão de dados digitais é uma questão preocupante. A tecnologia de marca de água tem evoluído ao longo dos anos, conduzindo à segurança dos dados digitais, com a capacidade de resistir a ataques intencionais e não intencionais. A marca de água em imagens digitais é um aspeto importante da segurança, com várias aplicações, como a proteção de direitos de autor, a autenticação e o controlo da integridade para uma vasta gama de modalidades de imagens adquiridas a partir de satélites, imagens médicas e imagens naturais. Um algoritmo de marca de água desenvolvido para uma imagem pode também ser aplicado a sequências de vídeo.

Os sistemas de marcas de água são avaliados com base num conjunto de requisitos geralmente identificados como detetabilidade, visibilidade perceptiva e ambiguidade na identificação da propriedade. Para garantir a segurança e a privacidade exigidas para as imagens médicas, é necessário um conjunto normalizado predefinido de perfis de segurança e privacidade e um conjunto identificado de medidas de segurança que satisfaçam os princípios de segurança definidos pelo perfil de segurança. Além disso, os atributos das técnicas de marca de água digital complementam as medidas de segurança existentes e oferecem uma melhor proteção para várias aplicações multimédia.

Os esquemas de marca de água têm uma longa história e a sua existência é anterior à década de 1990. Neste capítulo, são discutidas brevemente várias abordagens de marca de água disponíveis na literatura, livros, revisões e artigos de pesquisa. As vantagens, limitações e desvantagens também são discutidas.

2.2. Abordagens de marca de água em imagens digitais

O desenvolvimento de algoritmos de marca de água na última década tem sido uma tarefa difícil, embora muitos desses algoritmos tenham sido desenvolvidos no passado.

Em geral, o processo de marca de água pode ser modelado matematicamente da seguinte forma

Dada uma imagem $I(x, y)$, e uma marca de água $W(x, y)$, a imagem com marca de água é dada por

$$I'(x, y) = I(x, y) + f\{I(x, y), W(x, y)\} \tag{2.1}$$

onde, $f\{I(x,y), W(x,y)\}$ representa a função de transformação. Esta função pode ser arbitrária, mas é escolhida com base nos atributos/requisitos do objetivo do esquema de marca de água.

As características da marca de água em imagens digitais variam consoante a aplicação e o objetivo. Estas características podem ser tratadas como requisitos, atributos, características ou propriedades da marca de água em imagens digitais. Os investigadores têm em conta estas características ao conceberem um sistema de marca de água. Seguem-se alguns atributos importantes de uma marca de água digital.

- Robustez - O sistema de marca de água é considerado robusto se a marca de água incorporada for capaz de sobreviver a um grande número de operações de processamento de sinais e a ataques intencionais e não intencionais.

- Impercetibilidade - A marca de água incorporada deve ser impercetível para o HVS (Human Visual system). Esta caraterística desempenha um papel vital na autenticação de conteúdos.

- Segurança - O sistema de marca de água deve garantir a segurança, ou seja, o adversário não deve remover a marca de água. Isto pode ser conseguido através do desenvolvimento de algoritmos sofisticados. Esta caraterística permite o acesso à marca de água apenas a pessoas autorizadas.

- Verificabilidade - A marca de água deve ser capaz de verificar/determinar a informação de propriedade.

- Custo computacional - O sistema de marca de água deve ser simples do ponto de vista computacional. Esta é uma caraterística importante que deve ser adoptada para reduzir o custo computacional.

- Deteção da marca de água - Um sistema de marca de água digital deve permitir a deteção bem sucedida da marca de água na extremidade do detetor. O processo é também conhecido por recuperação/deteção/extração da marca de água.

- Capacidade - A capacidade define o número de bits de informação que podem ser incorporados no sinal do anfitrião. Também pode ser definida como a possibilidade de incorporar várias marcas de água no sinal do anfitrião.

- Parâmetros de compromisso - Observa-se que existe um compromisso entre os parâmetros de robustez, impercetibilidade e capacidade (Fig.2.1.). Qualquer esquema de marca de água desenvolvido deve ser capaz de evitar estes compromissos.

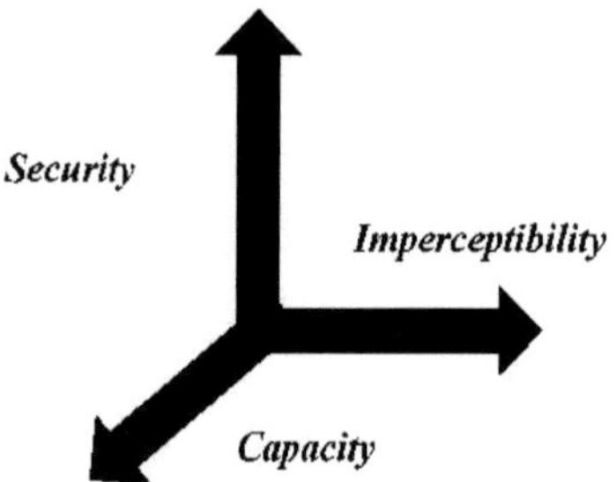

Figura. 2.1. Compensações na marca de água de imagens digitais

O algoritmo de marca de água desenvolvido para uma modalidade de imagem pode ter um desempenho diferente para uma modalidade de imagem diferente. Além disso, o algoritmo de marca de água deve ser desenvolvido tendo em conta os atributos previamente discutidos. Consequentemente, a robustez do esquema de marca de água é posta em causa, o que leva à investigação.

Nesta secção, identificam-se vários algoritmos e métodos utilizados nas últimas décadas e observa-se a transição que ocorreu durante o processo de desenvolvimento de algoritmos de marca de água robustos à medida que a investigação foi evoluindo. Os esquemas de marca de água em imagens digitais podem ser classificados em

- De acordo com a perceção - Marca de água visível e invisível

- De acordo com o acesso - Marca de água privada e pública

- De acordo com as características - Marca de água robusta, frágil e semi-frágil

- De acordo com o processo de deteção - marca de água cega e não cega
- De acordo com a utilização de chaves - Marca de água simétrica e assimétrica
- De acordo com a extração - Marca de água reversível e irreversível
- De acordo com o domínio - Marcação de água no domínio espacial e no domínio da frequência

Marca de água visível e invisível

No final dos anos 90, os esquemas de marca de água foram classificados como esquemas visíveis e invisíveis. Um esquema de marca de água visível (percetível) é aquele em que a marca de água é visível para o HVS. Por exemplo, os anúncios comerciais têm o logótipo da empresa incorporado no anúncio, o que é visível para o HVS. (Huang 2006: 60-66) propôs um esquema de marca de água visível sensível ao contraste, modificando os coeficientes DWT da imagem de referência. Embora estes sistemas exijam taxas de bits mais elevadas, são mais robustos do que os sistemas de marca de água visível. Um sistema de marca de água invisível (impercetível) é aquele em que a marca de água é invisível para o HVS. A Fig. 2.2. (a) mostra uma imagem em que a marca de água é incorporada na imagem, mas é invisível ao olho humano, enquanto a Fig. 2.2. (b) mostra um esquema de marca de água visível, com a Fig. 2.2. (c) a mostrar a marca de água.

a) Marca de água invisível b) Marca de água visível c) Marca de água

Figura. 2.2. Marca de água visível e invisível

(Tzeng 2002: 771-782) utilizou técnicas de otimização para incorporar marcas de água invisíveis nas imagens de referência. Estes esquemas mantêm o segredo protetor, são resistentes a ataques e não são facilmente detectáveis. A maior parte da pesquisa bibliográfica abordada neste capítulo trata de esquemas de marcas de água invisíveis. Além disso, esta tese de investigação trata de esquemas de marcas de água invisíveis.

Marca de água pública e privada

Os sistemas de marca de água públicos são aqueles em que a marca de água é incorporada em locais que estão disponíveis ao público. (Wong 2001: 1593-1601) propôs um sistema de marca de água pública. A marca de água foi tornada invisível ou visível com base na escolha do utilizador. Um sistema de marca de água privado é aquele em que a marca de água é privada. A marca de água só pode ser detectada por utilizadores autorizados. Nestes esquemas, o proprietário do documento tem controlo privado sobre a marca de água. (Wang 2002: 77-88) propôs um esquema de marca de água privada através da incorporação da marca de água na frequência média da imagem anfitriã em formato vetorial. A marca de água era uma imagem gerada a partir da parte real dos coeficientes wavelet da imagem do hospedeiro. Este esquema era resistente a ataques de compressão.

Marcação de água robusta, frágil e semi-frágil

Os sistemas de marca de água concebidos devem ser resistentes a ataques. Esses esquemas, que são resistentes aos ataques comuns de processamento de imagem, são conhecidos como esquemas de marca de água robustos. Os esquemas que são parcial ou totalmente não resistentes a ataques são geralmente classificados como esquemas de marcas de água semi-frágeis e frágeis, respetivamente. Os sistemas de marcas de água robustos são utilizados para a proteção dos direitos de autor e a verificação da propriedade. Os sistemas de marcas de água frágeis e semi-frágeis são utilizados para autenticação de conteúdos e verificação da integridade. Os sistemas de marcas de água frágeis transmitem quaisquer alterações ao conteúdo digital. (Izquierdo 2003: 842-852) propôs uma marca de água frágil baseada em blocos para autenticação de imagens. O recetor da imagem com marca de água tinha as chaves para determinar a autenticidade da imagem. (Zhao 2004: 430-448) propôs um esquema de marca de água semi-frágil no domínio duplo DCT-DWT (Transformada discreta do cosseno-Transformada discreta de Wavelet). Este esquema foi proposto para imagens do património cultural. Existe um compromisso entre a preservação do conteúdo e a robustez.

Marcação de água cega e não cega

Os sistemas de marca de água cega não requerem o acesso à imagem anfitriã para extrair a marca de água. Estes sistemas requerem apenas a imagem com marca de água e as chaves secretas e são geralmente públicos por natureza. Os sistemas de marca de água não cegos acedem à imagem do anfitrião para extrair a marca de água e são privados por natureza.

Consideremos uma imagem I e uma marca de água W. A imagem com marca de água é dada por I'. A fase de incorporação é matematicamente representada por

$$I' = f(I, W) \tag{2.2}$$

Seja J a cópia da imagem original do anfitrião.

Se, na fase de extração, a imagem original do hospedeiro for acedida para extrair a marca de água, o processo é não cego. Um esquema não oculto é representado por $W = f(J, I')$ (2.3)

Por outro lado, se o processo de extração não aceder à imagem original do anfitrião, o processo é cego. Um esquema cego pode ser representado matematicamente como

$$W = f(I') \tag{2.4}$$

(Wong 2003: 813-830) propôs vários esquemas de marca de água cega para imagens. Em primeiro lugar, o SWE (Single Watermark Embedding) utilizou duas chaves secretas para inserir a marca de água na imagem hospedeira. Em segundo lugar, o MWE (Multiple Watermark Embedding) incorporou várias marcas de água. E, em terceiro lugar, a IWE (Iterative Watermark Embedding) foi utilizada para incorporar marcas de água em imagens JPEG comprimidas. (Lin 2008: 746-757) também propôs um esquema de marca de água cego baseado na diferença entre o coeficiente máximo da wavelet e o segundo coeficiente máximo da wavelet. Este esquema foi desenvolvido para a proteção de direitos de autor. A marca de água pode ser recuperada através da conceção de um valor de limiar ótimo. No entanto, (Meerwald 2009: 1037-1041) observou que o esquema anterior proposto por (Lin 2008: 746-757) negligenciava a segurança sob ataque intencional, explorando ainda mais o conhecimento da implementação. O sistema de marca de água de espetro alargado proposto por (Cox 1995: 95-100) requer a imagem do anfitrião nas fases de verificação e é um sistema de marca de água não cego.

Marcação de água simétrica e assimétrica

Um sistema de marca de água que utiliza o mesmo conjunto de chaves para a incorporação e a extração da marca de água é designado por sistema de marca de água simétrico, enquanto o sistema de marca de água assimétrico utiliza chaves diferentes para a fase de incorporação e a fase de extração. (Solachidis 2001: 1741-1753) propôs um esquema de incorporação de marcas de água circularmente simétrico resistente a ataques geométricos. Foi utilizada uma chave privada para determinar a marca de água incorporada no anel no domínio DFT. A marca de água utilizada era circularmente simétrica e, por conseguinte, invariante em termos de rotação. Uma abordagem assimétrica foi proposta por (Kim 2004: 375-377), que permitia a incorporação de muitas marcas de água, mas tinha apenas uma marca de água de deteção. A marca de água foi incorporada com chaves de referência e a deteção foi efectuada utilizando uma marca de água de referência, daí o nome esquema de marca de água assimétrico.

Marcação de água reversível e irreversível

O esquema de marca de água reversível extrai exatamente a imagem original, daí o nome reversível.

Não produzem alterações irreversíveis na imagem com marca de água, degradando a qualidade da imagem. Estes métodos desempenham um papel importante na proteção dos direitos de autor e na preservação de informações sensíveis das imagens médicas.

(Lingling 2012: 3598-3611) propôs um esquema robusto de marca de água reversível para ambientes com perdas no domínio wavelet. O processo de incorporação e extração da marca de água envolveu a mudança de histograma e o agrupamento. Este esquema apresentou um desempenho abrangente em termos de reversibilidade e robustez, e pode ser aplicado a diferentes tipos de imagens. Para além dos sistemas de marca de água para ambientes com perdas, foram propostos pelos investigadores vários sistemas de marca de água reversíveis para ambientes sem perdas (Huang 2006: 60-66), (Tzeng 2002: 771-782), (Wong 2001: 1593-1601), (Wang 2002: 77-88) e (Izquierdo 2003: 842-852). Os sistemas de marca de água irreversíveis causam distorção irreversível. Durante a fase de extração, a qualidade da imagem é degradada.

Marcação de água no domínio espacial e no domínio da frequência

No domínio espacial, a marca de água é inserida na imagem anfitriã através da alteração dos valores dos pixéis da imagem anfitriã. O método mais antigo adoptava técnicas aditivas. Este método envolve a adição de um padrão de ruído pseudo-aleatório aos pixéis da imagem. É identificada uma chave privada para gerar o ruído pseudo-aleatório. Esta chave garante a recuperação da marca de água durante a fase de extração. A correlação entre os números das diferentes chaves é geralmente muito baixa. Estes esquemas devem ser facilmente decompostos por adição inversa se a chave privada for acedida.

Outro método, a marca de água LSB, é a técnica de marca de água mais simples proposta por (Schyndel 1994: 86-90). Nesta técnica, os LSB dos pixéis da imagem foram modificados. Melhoramentos e variantes destas técnicas foram propostos por (Wolfgang 1996: 219222), (Bender 1995: 164-173), (Pitas 1996: 215-218) e (Nikolaidis 1996: 2168-2171). Embora estes esquemas fossem robustos contra a compressão com perdas, a filtragem e a digitalização, tinham uma capacidade de bits relativamente baixa.

SS (Spread spectrum) refere-se à transmissão de um sinal de largura de banda estreita numa largura de banda maior. A energia do sinal é distribuída por uma vasta gama de frequências. Estes esquemas foram os primeiros esquemas robustos identificados. Aqui, a marca de água era distribuída por uma gama de frequências e, por conseguinte, não era detetável. A adição de ruído de alta amplitude em todas as gamas de frequência poderia destruir a marca de água incorporada. Além disso, as regiões significativas do espetro podiam ser destacadas através da aplicação de transformações de frequência dos dados. Um ataque intencional para alterar as regiões significativas do espetro degradou a qualidade da imagem. O esquema mais antigo baseado nos princípios de SS foi proposto por (Cox 1995: 95-100). Os autores obtiveram um conjunto de amostras independentes e identicamente distribuídas a partir de uma distribuição gaussiana. Estas amostras foram incorporadas nas componentes de frequência mais significativas. Este esquema era relativamente robusto contra várias operações de processamento de imagem após a impressão e a nova digitalização. A limitação deste esquema é a necessidade da imagem do anfitrião durante as fases de verificação da propriedade.

(Makbol 2016: 34-52) propôs um esquema de marca d'água de imagem baseado em blocos usando a Decomposição de Valor Singular (SVD) e a Transformada Wavelet Discreta (DWT). A entropia e a entropia de borda foram utilizadas como características HVS. Estas características identificam os blocos onde a marca de água deve ser incorporada. Neste esquema, a marca de água foi incorporada nos valores mais baixos de entropia e de entropia de extremidade. A SVD foi efectuada na imagem transformada DWT de primeiro nível. Este esquema é impercetível e resistente a vários ataques geométricos e de processamento de imagem. Para garantir a segurança, este esquema utiliza o AES-192 para encriptar uma parte dos dados. Outros esquemas de marca de água baseados em SVD foram propostos por (Shieh 2006: 428-440), (Bhatnagar 2009: 1002-1013) e (Mohammad 2008: 2158-2180) e a robustez foi testada contra os ataques comuns de processamento de imagem.

(Lopes 2006: 746-756) propôs um esquema de marca de água aplicado a imagens com características de textura. Este método incorpora a marca de água na parte da textura da imagem ou nos padrões de textura aleatórios contínuos de uma imagem. Este algoritmo é aplicável a áreas com um grande número de imagens de textura arbitrária. Além disso, (Bender 1996: 313-336) propôs dois esquemas de marca de água baseados em patchwork semelhantes aos de (Lopes 2006: 746-756). Em primeiro lugar, foi definido um método estatístico designado por patchwork. Este método selecciona pontos da imagem por pares. O brilho de um ponto do par foi aumentado e o brilho do outro ponto do par foi diminuído simultaneamente. Em segundo lugar, foi identificada uma região de padrão de textura aleatória. Este padrão foi copiado para uma área com um padrão de textura semelhante. Este método foi identificado como "codificação de blocos de textura". Cada região de textura foi recuperada utilizando a auto-correlação. Estes esquemas eram mais adequados para imagens com grandes áreas de texturas aleatórias.

Outro esquema de marca de água, o esquema baseado na correlação, consiste em adicionar ruído pseudo-aleatório aos pixéis. Matematicamente, estes esquemas podem ser modelados da seguinte forma: I '(x, y) = I (x, $y)$ + k *W (x, y) (2.5)

onde,

$I(x, y)$ representa a imagem do anfitrião,

$W(x, y)$ representa o ruído pseudo-aleatório, $I'(x, y)$ representa a imagem com marca de água,

κ representa o fator de ganho.

O fator de ganho κ é diretamente proporcional à robustez do esquema de marca de água, com uma compensação na degradação da qualidade da imagem.

No entanto, a literatura refere que os esquemas no domínio da frequência são mais robustos do que os esquemas no domínio espacial. No entanto, estes esquemas são difíceis de implementar e são também dispendiosos do ponto de vista computacional. No domínio da frequência, a marca de água é incorporada nos coeficientes da imagem transformada. Por outras palavras, a marca de água é incorporada no espetro da imagem. Deste modo, a qualidade da imagem não é diretamente influenciada. A análise espetral da imagem é efectuada através da Transformada Discreta de Fourier (DFT), da Transformada Discreta de Cosseno (DCT), da DWT, das Contourlets, das Ridgelets, das Curvelets e das Shearlets. Nesta secção, é apresentado um estudo pormenorizado da literatura disponível sobre esquemas de marca de água.

Existem poucos algoritmos disponíveis na literatura que incorporam marcas de água modificando a DFT (coeficientes de magnitude e fase). A incorporação da marca de água no domínio de Fourier é vantajosa devido à invariância em relação à escala e à rotação. (Solachidis 2001: 1741-1753) incorporou a marca de água no domínio de Fourier e utilizou marcas de água circularmente simétricas para resolver a invariância de rotação. Foi considerada uma imagem em escala de cinzentos $I(m, n)$ de tamanho $N \, X \, N$.

A DFT de uma imagem $N \, X \, N$ é dada por

$$I(k_1, k_2) = \sum_{m=0}^{N-1} \sum_{n=0}^{N-1} I(m,n) e^{\frac{-j2\pi mk_1}{N_1}} e^{\frac{-j2\pi nk_2}{N_2}} \qquad (2.6)$$

A magnitude da imagem é indicada por $= M(k_1, k_2) \, |I(k_1, k_2)|$. A fase da a imagem é designada por $P(k_1, k_2)$ e $W(k_1, k_2)$ é a marca de água.

Pela propriedade da transformada de Fourier, sabemos que as deslocações circulares no domínio do tempo não afectam a magnitude no domínio de Fourier. Assim sendo,

DFT [I (m + d1, n + d2)] = M (k1, k₂)(2.7)

Além disso, o escalonamento no domínio do tempo provoca o escalonamento inverso no domínio da frequência e a rotação no domínio do tempo provoca a mesma rotação no domínio da frequência.

A marca de água utilizada consiste numa sequência 2D com valores 1 e -1 (ou seja, média zero) e é adicionada no anel que cobre as gamas de frequência média. Isto torna o esquema de marca de água invisível e robusto.

Os coeficientes de magnitude modificados são dados por,

$$M^{'}(k_1, k_2) = M(k_1, k_2) + f(M(k_1, k_2), W(k_1, k_2), \alpha) \qquad (2.8)$$

em que a determina a força da marca de água.

A imagem com marca de água é a transformada inversa de Fourier de M' (k₁ ,k₂) e P(k₁ , k₂). O esquema proposto foi robusto a vários ataques de processamento de imagem; embora a marca de água fosse detetável após uma pequena rotação (3º).

Um esquema de marca de água invisível baseado na DCT foi proposto por (Cox 1996: 243-246). Neste esquema, é utilizada a DCT 2D da imagem hospedeira. A marca de água é colocada nos coeficientes AC de baixa frequência e de maior magnitude. A DCT inversa foi utilizada para extrair a imagem com marca de água. (Abdelhakim 2016: 247-252) propôs um método em que os parâmetros de força por bloco no domínio DCT foram optimizados. A otimização foi conseguida através da proposta de uma função de aptidão. Esta função de aptidão foi 1q2sdx. O PSNR foi utilizado como métrica de qualidade para indicar a robustez do esquema proposto.

Além disso, (Podilchuk 1998: 525-539) propôs dois esquemas baseados numa estrutura DCT em bloco com um tamanho de bloco para a DCT de 8 X 8. Em primeiro lugar, foi proposto um esquema de DCT em bloco. A marca de água foi diretamente codificada nos fluxos de bits JPEG. Em segundo lugar, foi proposto um esquema de marca de água baseado em wavelets. O codificador de marca de água para o esquema IA-DCT (Image Adaptive Discrete Cosine Transform) é descrito por

$$X^*_{u,v,b} = \begin{cases} X_{u,v,b} + t^c_{u,v,b} w_{u,v,b} & ; if \ X_{u,v,b} > t^c_{u,v,b} \\ X_{u,v,b} & ; \ otherwise \end{cases} \qquad (2.9)$$

onde,

$X_{u,v,b}$ refere-se aos coeficientes DCT,

$X^*_{u,v,b}$ refere-se aos coeficientes DCT com marca de água, $w_{u,v,b}$ é a sequência de valores da marca de água, e

$t^c_{u,v,b}$ é a JND (Just Noticeable Difference) calculada a partir do modelo visual proposto por (Watson 1993: 202-216). O esquema IA-DCT não era robusto contra a compressão JPEG e os desalinhamentos. Outros esquemas baseados na DCT foram propostos por (Lin 2000: 415-421), em que a marca de água era incorporada no LSB dos coeficientes DCT da imagem de referência. (Suhail 2003: 1640-1647) segmentou a imagem do hospedeiro com base em diagramas de Voronoi e a marca de água (sequência pseudo-aleatória) foi integrada no domínio DCT de cada segmento.

Atualmente, quase todos os ramos dos domínios da ciência e da engenharia aplicam as transformadas de Wavelets. A Transformada de Wavelets é uma palavra de ordem - a razão é que "Se a Transformada/Série de Fourier governou os últimos cem anos, diz-se que os próximos cem anos serão governados por Wavelets". (Haar 1910:331-371) é a primeira literatura que relaciona a transformada wavelet. Uma função de wavelet é restrita no tempo e na frequência, ou seja, pode ser considerada como uma função de janela num certo sentido. As Wavelets são utilizadas para a análise conjunta de tempo e frequência. As transformadas de Wavelets podem visualizar componentes de baixa e alta frequência. A análise, o escalonamento e a função de wavelet associada tornam a representação dos sinais flexível. Os parâmetros de escala, translação e dilatação são, de facto, as características da transformada de Wavelets. (Mallet 1993) introduziu o conceito de análise multiresolução (MRA). Assim, uma determinada wavelet pode ser decomposta numa escada de etapas, cada etapa aplicando filtros digitais. Daubechies mostrou que existia uma família de filtros curtos e de comprimento finito que obedeciam às constantes impostas pela MRA, levando a uma transformada ortogonal de sequências finitas, a Transformada Wavelet Discreta.

Temos de nos limitar a uma determinada região do tempo e concentrar-nos numa determinada frequência. Precisamos de funções restritas no tempo e na frequência, consoante as nossas necessidades. A flexibilidade para selecionar a escala, o parâmetro de translação e introduzir a dilatação para criar estruturas aninhadas conduz à MRA. Devido à translação e dilatação da wavelet mãe, tanto os componentes de baixa como de alta frequência podem ser visualizados.

A Transformada Wavelet decompõe um sinal em 2 séries separadas:

1. Série única para representar a versão mais grosseira do sinal subjacente. Isto dá os coeficientes de aproximação e é conhecido como a Função Pai.

2. Série dupla para representar a versão refinada do sinal subjacente. Esta função, também conhecida como Função Mãe, fornece os coeficientes detalhados.

Tal como referido na secção anterior, (Podilchuk 1998:525 - 539) propôs dois esquemas baseados numa estrutura DCT em bloco com um tamanho de bloco para a DCT de 8×8. Em primeiro lugar, um esquema de DCT em bloco em que a marca de água era diretamente codificada nos fluxos de bits JPEG e, em segundo lugar, um esquema de marca de água baseado em wavelets.

O codificador da marca de água para o esquema IA-W (Image Adaptive Wavelet Transform) foi definido por

$$X^*_{u,v,l,f} = \begin{cases} X_{u,v,l,f} + t^F_{l,f} w_{u,v,l,f} & ; if \ X_{u,v,l,f} > t^F_{u,v,l,f} \\ X_{u,v,b} & ; \ otherwis \end{cases} \qquad (2.10)$$

onde,

$X_{u,v,l,f}$ refere-se ao coeficiente de wavelet na posição *(u, v)* no nível de resolução *l* e na orientação de frequência f,

$X^*_{u,v,l,f}$ refere-se ao coeficiente wavelet com marca de água, $w_{u,v,l,i}$ j é a sequência da marca de água e $t^F_{l,f}$ corresponde ao peso da frequência calculado no nível *l* e à orientação da frequência f para filtros biortogonais.

Vários outros esquemas de marca de água que adoptam as wavelets estão disponíveis na literatura (Wei 1998: 1267-1272), (Lu 2001: 1579-1592), (Celik 2008: 475-487), (Chen 2002: 508-512), (Dejey 2011: 315-322), (Tang 2003: 950-959) e (Bas 2000: 99-109).

(Bhatnagar 2012: 386-397) propôs um esquema de marca de água utilizando uma combinação da transformada de pacote de wavelet fraccionada (FRWPT) e SVD. A imagem anfitriã foi decomposta utilizando a FRWPT e uma imagem em escala de cinzentos foi utilizada como marca de água. As bandas de frequência em todos os subníveis foram alteradas de acordo com uma chave secreta conhecida apenas pelo criador. A imagem de referência foi obtida por FRWPT inverso. A marca de água foi incorporada na imagem de referência. Para obter a imagem com marca de água, procedeu-se a uma nova FRWPT e a uma FRWPT inversa. Observou-se que este método era mais robusto, seguro para a proteção de direitos de autor e evitava o problema de ambiguidade enfrentado pelos métodos SVD.

Os coeficientes de contorno de uma imagem são altamente não guassianos. Um modelo estatístico para a distribuição dos coeficientes de contorno é uma PDF de cauda pesada. As wavelets de ordem superior não foram capazes de visualizar a suavidade ao longo das margens. As contourlets são capazes de representar as margens da imagem de forma esparsa. Utilizam bancos de filtros iterativos e permitem várias direcções em cada escala. (Akhaee 2010: 967-980) propôs um esquema de marca de água multiplicativo no domínio dos contourlets. O esquema de marca de água cego proposto era robusto a AWGN (Additive White Gaussian Noise) e a ataques de compressão. Outros esquemas de marca de água de contorno foram propostos por (Jayalakshmi 2006: 861-864), (Jayalakshmi 2006), (Xueqiang 2007: 138-141), (Li 2006: 639-642) e (Xiao 2007: 125130), adoptando a informação direcional das margens das imagens.

As ridgelets (Do 2003: 16-28), (Candes 1999: 2495-2509) são capazes de resolver os problemas de singularidade de linha enfrentados nas wavelets 2D. (Kalantari 2010: 396-406) propôs um método robusto de marca de água no domínio das ridgelets. Para se adaptar às arestas curvas, a imagem de referência foi dividida em blocos. Deste modo, a aresta curva foi visualizada como uma aresta reta. A marca de água foi inserida nos blocos de entropia elevada, modificando a amplitude dos coeficientes ridgelet. A distribuição dos coeficientes ridgelet é desconhecida. Por conseguinte, é utilizado um descodificador independente da distribuição do hospedeiro que funciona próximo do ponto ótimo. Para obter a máxima robustez, o descodificador foi optimizado tendo em conta o ataque de ruído Guassian.

A transformada de Curvelet (Candes 1999: 2495-2509), (Candes 2004: 219-2660, (Candes 205: 162197), (Candes 2005: 198-222) e (Candes 2006: 861-899) é uma transformada multi-escala, concebida para representar arestas e singularidades ao longo das curvas de forma eficiente com menos coeficientes para uma reconstrução exacta. A transformada de Curvelet é uma transformada direcional multiescala que permite a representação esparsa de objectos com arestas. A maioria das imagens digitais apresenta descontinuidades de linha/curva. As wavelets representam singularidades pontuais e ignoram as propriedades geométricas das estruturas. Por conseguinte, os esquemas de marca de água baseados em wavelets são computacionalmente ineficientes quando se trata de características geométricas com singularidades de linha/curva. Para ultrapassar a seletividade direcional da DWT, a análise geométrica multiresolução, a transformada de curvas, foi proposta por (Candes 2006: 861-899). A transformada de curvelets 2D permite uma representação esparsa quase óptima de objectos com singularidades curvas.

A transformada de Shearlet é uma nova extensão da wavelet baseada na análise de multi-resolução e multi-direção. A shearlet representa claramente as arestas, pelo que é um método eficiente para modelar várias texturas. (Mardanpur 2016: 790-798) propôs um esquema de marca de água de imagem transparente com transformada de shearlet e SVD. As experiências realizadas contra vários ataques mostram que o esquema proposto proporcionou uma elevada impercetibilidade, foi robusto e constituiu um esquema de melhoria da segurança. Outra implementação da transformada de shearlet também foi apresentada por (Jian 2015) A marca de água estava na região de entropia de informação mais elevada. Observa-se que o desempenho visual deste esquema é melhor do que os esquemas de marca de água baseados em DWT e DCT.

2.3. Abordagens de marca de água em imagens médicas

A integridade e a autenticidade são aspectos importantes de uma imagem médica; o campo de investigação esteve adormecido durante bastante tempo. A sua existência foi constatada no final da década de 90. Felizmente, um dos primeiros trabalhos foi publicado por (Wong 1995: 68-79), mas os aspectos de integridade e autenticidade ganharam atenção durante (Macq 1999). Uma das principais abordagens para proporcionar autenticidade e integridade foi a utilização de metadados (dados anexados à informação, normalmente uma assinatura digital) e marcas de água. Os requisitos normalizados para as imagens médicas são descritos a seguir:

Impercetível: Este critério é a base para manter a qualidade das imagens com marca de água. A marca de água incorporada na imagem hospedeira deve ser invisível. O impacto visual do sistema de marca de água deve ser reduzido para que a imagem médica com marca de água mantenha a sua identidade com a imagem original.

Fiabilidade: O sistema de marca de água deve ser capaz de detetar adulterações na imagem com marca de água. Esta propriedade permite testar a fiabilidade das imagens médicas. O sistema de marca de água deve ser profundo na deteção de ataques maliciosos ou modificações da imagem, evitando diagnósticos e investigações incorrectos. A imagem com marca de água é considerada autêntica se a imagem com marca de água for proveniente de fontes genuínas.

Segurança: Este fator evita a manipulação e a falsificação da marca de água. A chave utilizada deve ser de natureza privada e difícil de obter. A inserção da marca de água deve ser feita apenas por utilizadores autorizados.

Robustez: BER, Coeficiente de Correlação, PSNR e SSIM são as métricas de avaliação utilizadas. Estas métricas definem a robustez do esquema proposto.

Reconstrução: Esta propriedade do sistema permite ao utilizador identificar e restaurar regiões alteradas ou destruídas para saber o que representava o conteúdo original das áreas alteradas.

Reversibilidade: Esta propriedade do sistema ajuda o utilizador a extrair a imagem anfitriã da imagem com marca de água.

Uma vez que o mundo da marca de água para imagens médicas é restrito, esta secção analisa os poucos artigos disponíveis na literatura. Esta revisão e avaliação baseiam-se nos critérios de avaliação delineados por (Tong 2002: 1556-1559) e (Lin 2000: 140-151) para imagens médicas.

(Kobayashi 2009) propôs a abordagem de encriptação de dados para garantir a integridade e a autenticidade da imagem médica. O processo de cifragem tem 3 entradas: dados de cabeçalho (opcional) para autenticar os dados do doente, dados de píxeis para validar a imagem e dados da entidade de autenticação para determinar a autoria da imagem. O resultado são os dados de píxeis encriptados e informações de desencriptação seguras. O pixel encriptado não tem qualquer relação visual com a imagem original. Se a imagem não fosse adulterada, o pixel desencriptado resultaria nos dados originais. Este método não assegurava a confidencialidade, uma vez que o cabeçalho da imagem tinha a chave para a desencriptação.

(Lavanya 2012: 723-729) propôs um esquema de marca de água para preservar a integridade dos dados, escondendo os dados dos doentes em imagens encriptadas. O esquema proposto consiste em 3 fases: a fase de encriptação, a fase de incorporação de dados e a fase de recuperação. Utilizando uma chave de ocultação de dados pré-definida, os dados do doente foram incorporados na não ROI. O esquema proposto permitiu a reconstrução perfeita da imagem original. Outro esquema de marca de água para verificar a integridade e manter a autenticidade das imagens médicas foi proposto por (Lim 2001). Este esquema utilizou uma função de hash para pré-processar o MSB (7 bits) da imagem médica. O LSB (1 bit) não foi alterado. A função binária gerada pela função de hash foi utilizada como marca de água e foi incorporada no LSB da imagem de referência.

(Eswaraiah 2014) propôs um esquema de marca de água frágil baseado em blocos para a deteção de adulterações em imagens médicas. No seu esquema, a imagem médica foi segmentada em ROI (Região de Interesse), não ROI e fronteira. O código hash da ROI é utilizado para autenticar a ROI. A técnica utilizada foi a SHA-1. Dada uma imagem de entrada, esta técnica gerou um código único de 160 bits. Além disso, a ROI foi dividida em blocos de tamanho 4x4 e a não ROI em blocos de 8x8 pixéis. Cada ROI bloqueada foi mapeada para uma não ROI. Além disso, os dados de recuperação foram incorporados em pixéis LSB e mapeados para não ROI. A técnica proposta utilizou cálculos matemáticos simples.

(Rodriquez 2007) propôs um método baseado no pixel. A partir do centróide, foi utilizada uma varredura em espiral para selecionar um pixel. A marca de água é incorporada no pixel selecionado. O valor do pixel central, juntamente com o valor médio da escala de cinzentos de um bloco, determina o valor do bit da marca de água a incorporar na imagem anfitriã. Do mesmo modo, durante o processo de a posição do pixel identificado é obtida por varrimento em espiral a partir do centróide da imagem hospedeira.

(Salem 2013: 247-255) propuseram um algoritmo de marca de água cega para imagens médicas e vídeos médicos. O esquema proposto foi baseado em QIM (Quantization Index Modulation) para cegueira, PCA (Principle Component Analysis) para obter os coeficientes não correlacionados e DWT para obter o componente de luminância. O algoritmo proposto foi testado em diferentes fotogramas radiológicos e revelou-se robusto contra vários ataques.

(Viswanathan 2014: 753-764) propôs um esquema de marca de água FED conjunta para lidar com questões de segurança em telerradiologia. O esquema proposto utilizou a fusão espacial para dividir os componentes da imagem médica com base em níveis de intensidade predefinidos. O esquema era um esquema de marca de água duplo (esquema de incorporação bit a bit utilizando a fusão espacial e um esquema par ou ímpar para a imagem da impressão digital do doente) e utilizava um algoritmo de cifra de 4 passos e previa a verificação da impressão digital utilizando momentos de Zernike.

(Coatrieux 2013: 1057-1067) propôs uma marca de água em imagens médicas para a verificação da integridade de imagens médicas. O esquema proposto foi capaz de identificar a remoção/adição de lesões. O esquema proposto também foi capaz de detetar operações globais de processamento de imagem na imagem médica. Foi utilizada uma chave secreta para a verificação da integridade. As modalidades de imagem consideradas foram a radiografia (mamografia), a ressonância magnética (cabeça) e a imagiologia por ultra-sons (veias). O sistema proposto baseia-se na assinatura da marca de água ROI numa imagem médica não ROI. Foram propostos três conjuntos de assinaturas. As duas primeiras assinaturas baseiam-se em hashes criptográficos e somas de controlo e a terceira baseia-se na teoria do momento da imagem. Anteriormente, (Coatrieux 2103:111-120) tinha proposto um esquema de marca de água reversível baseado na deslocação dinâmica do histograma do pixel e na deslocação dinâmica do histograma do erro de previsão. O esquema proposto preservou a qualidade da imagem e, por conseguinte, era adequado para imagens médicas, mas a robustez não foi abordada.

(Giakoumaki 2006: 722-732) propôs um esquema de marca de água múltipla impercetível para imagens médicas. O esquema proposto incorpora informação do doente (marca de água da legenda), assinatura digital do médico (marca de água da assinatura), chave para recuperação de dados (marca de água do índice) e mensagem de referência (marca de água frágil). Efectuaram uma decomposição wavelet Haar de 4 níveis. O bit da marca de água foi incorporado na chave determinada pelo coeficiente em cada nível de decomposição. A imagem com marca de água, como habitualmente, foi obtida através da transformada Wavelet inversa de 4 níveis. O esquema proposto foi testado em 50 imagens de ultra-sons e a marca de água utilizada foi uma matriz binária. Este esquema permite a deteção de adulterações se a imagem com marca de água for sujeita a desfocagem e pode resistir a ataques de compressão. (Wakatani 2002) propôs um esquema de marca de água para evitar erros de diagnóstico. A marca de água foi incorporada na NROI utilizando a Haar DWT. A marca de água foi comprimida utilizando a Wavelet de árvore zero incorporada (EZW). Este esquema não era resistente a ataques de cópia.

(Memon 2009:1-9) propôs um esquema frágil de marcas de água múltiplas para imagens médicas. A primeira marca de água utilizada foi o EPR, o código de identificação do médico (DIC) e o primeiro plano de bits da ROI obtido através da extração do LSB da imagem anfitriã. Esta marca de água era frágil e a imagem binária criada era de natureza mosaica. Esta foi encriptada utilizando uma sequência pseudo-aleatória gerada por uma chave definida pelo utilizador. Os dados encriptados constituíam a segunda marca de água, que foi incorporada no coeficiente de alta frequência na parte não ROI da imagem médica. O PSNR foi utilizado como métrica de avaliação para medir a qualidade da imagem com marca de água.

(Kamran 2012: 1950-1962) propôs um esquema de marca de água com preservação da informação para responder aos seguintes desafios enfrentados pelos registos médicos electrónicos (EMR)

- Domínios relevantes da EMR no processo de diagnóstico e

- Custos suportados pelos doentes devido a diagnósticos incorrectos.

A marca de água foi criada considerando o processo como um problema de otimização limitado. A marca de água foi incorporada em campos relevantes do registo médico eletrónico com base em determinadas restrições de utilização. Os seus casos de teste foram um EMR oncológico e um EMR ginecológico. O esquema proposto era robusto contra ataques de inserção, eliminação e alteração.

Com base no estudo, observa-se que o domínio da imagiologia médica apresenta várias implicações.

Embora estejam a ser desenvolvidos vários algoritmos de marca de água, a integridade, a autenticidade, a confidencialidade e a disponibilidade das imagens médicas são factores que devem ser tidos em conta no processo de segurança de uma imagem médica.

2.4. Ataques/transformação do sinal

As técnicas de marca de água impõem certas restrições. O sistema de marca de água deve ser capaz de manter a fidelidade da imagem, sobreviver a transformações comuns do sinal e resistir a ataques intencionais. Um atacante pode não ter um conhecimento exato da marca de água, mas o detetor de marcas de água fornece informações sobre a existência ou não de uma marca de água. O sistema de marca de água concebido não deve ser vulnerável às tentativas do atacante para remover, falsificar ou validar marcas de água. Os sistemas de marca de água devem ser robustos contra operações de processamento de imagem, como quantização, filtragem, escalonamento, corte, etc., e ataques de compressão de imagem. Por definição, um ataque é uma agressão à segurança do sistema, um ato inteligente ou uma tentativa deliberada de contornar os serviços de segurança e violar a política de segurança do sistema. A imagem com marca de água pode sofrer ataques que visam apagar a marca de água e/ou alterar a função do anfitrião. Na literatura, as imagens com marca de água são sujeitas a transformações/ataques de sinal. Estes podem ser classificados como:

Ataque de transformação afim

O detetor de marcas de água pode não detetar a marca de água devido à mudança de pixéis. Matematicamente, um ataque de transformação afim pode ser modelado da seguinte forma.

Considere-se uma imagem $I(x,y)$ e uma marca de água $W(x,y)$. A imagem deve ser deslocada em alguns pixéis. A imagem deslocada e a marca de água são designadas por $I'(x, y)$ e $W'(x, y)$, respetivamente. A imagem com marca de água é designada por $I_w (x, y)$. A imagem com marca de água deslocada por mudanças semelhantes de pixéis é designada por $I_w '(x,y)$.

$$I_w(x, y) = I (x, y) + f \{I(x, y), W (x, y)\} \tag{2.11}$$

Comparando com a equação (1.1), verifica-se que W'(x,y) e W(x,y) tendem a anular-se nas condições

$$I_w (x, y)w (x, y) = I' (x, y)W(x, y) + f \{I (x, y), W'(x, y)w (x, y)\} \tag{2.12}$$

O termo $I_w '(x,y)W(x,y)$ terá uma pequena magnitude e, por conseguinte, a marca de água não será detectada. Nalgumas aplicações, as transformações afins desempenham um papel menor.

Ataque de ruído/ataques de interferência.

Os detectores de marcas de água por correlação são robustos contra a adição de ruído aleatório. Estes ataques adicionam ruído aleatório, como o ruído de sal e pimenta, AGWN, etc., à imagem com marca de água. Se σ representar um ruído aleatório, a imagem atacada é matematicamente modelada como

$$I_w(x, y) = I (x, y) + f \{I (x, y), W (x, y)\} + \sigma \tag{2.13}$$

onde,

$I_w'(x, y)$ = imagem com marca de água atacada,

$I(x,y)$ = imagem do anfitrião e

$f\{I(x, y), W(X, y)\}$ = função de transformação da marca de água

Ataque de compressão

O método mais simples e mais comummente adotado para comprimir uma imagem consiste em quantizar os componentes de alta frequência. Este método é mais barato de implementar, mas afecta a deteção da marca de água, especialmente se partes significativas da marca de água estiverem contidas em frequências elevadas da imagem anfitriã. A altas frequências, os componentes da imagem e da marca de água podem degradar-se ou, por vezes, perder-se. Os ataques de compressão podem ser com ou sem perdas. O ataque de compressão com perdas torna a marca de água frágil, enquanto o segundo é robusto durante a recuperação da marca de água.

Ataque intencional

Estes ataques são alguns dos mais antigos e tratam da pirataria de CD. Estes ataques podem ser classificados com base em

Detetor de presença de marca de água: Os detectores de marcas de água são capazes de detetar a presença de marcas de água em dados digitais. Esta informação abre brechas para que o pirata informático a detecte e, por sua vez, remova a marca de água. A marca de água incorporada não deve acionar o detetor. A decisão do detetor de marcas de água é suave/difícil ou binária. As decisões binárias de um detetor são normalmente "presentes" ou "ausentes". Estas decisões indicam a presença ou a ausência da marca de água. Outro tipo de detetor é o detetor baseado na correlação. Neste caso, os pormenores dos coeficientes de correlação revelam a presença da marca de água.

Presença do insersor de marcas de água: O acesso ao insersor de marcas de água abre portas para o atacante quebrar a segurança.

Ex- As cópias de DVD só podem ser feitas a partir da fonte original e não de fontes copiadas. Ataques por métodos de cálculo da média estatística: Estes ataques baseiam-se na estimativa do atacante. O atacante subtrai a estimativa da imagem original e a marca de água é removida. Se a marca de água utilizada for de carácter genérico, estes ataques são perigosos.

Ataques através da monitorização do mecanismo de controlo de cópias: Estes ataques modificam o mecanismo de controlo de cópias. Sempre que é feita uma tentativa de copiar o conteúdo, o detetor dá uma falsa decisão indicando que a marca de água está ausente, apesar de a marca de água estar presente na imagem/vídeo.

Ataques ao processamento de sinais

Os ataques de compressão, a filtragem (filtro mediano, filtro Weiner e filtro Gaussiano) e a adição de ruído (ruído aleatório, ruído salgado e pimenta, ruído branco, etc.) são alguns dos ataques ao processamento de sinais.

Ataques de colusão

Neste caso, o atacante tem acesso a mais do que uma cópia da imagem com marca de água. Estes ataques prevêem a existência da marca de água através da colusão das imagens com marca de água com as suas próprias cópias.

Ataques geométricos

A rotação, o corte, o redimensionamento e a remoção de linhas e colunas são ataques geométricos.

Ataques de equalização de histograma

Estes ataques tendem a melhorar as intensidades da imagem e incluem ajustes de brilho e contraste da imagem.

2.5. Conclusões

Neste capítulo, são abordados vários algoritmos de marca de água disponíveis na literatura. Apesar do facto de a investigação no domínio da medicina ter estagnado durante quase uma década, os algoritmos de marca de água em imagens médicas evoluíram mais tarde. Verifica-se que estes algoritmos tiveram de satisfazer os requisitos de várias modalidades de imagem. Além disso, são discutidos os requisitos, as vantagens e os inconvenientes.

No domínio da medicina, a marca de água é uma medida de segurança importante para as aplicações de telemedicina. Especificamente, a marca de água era vital durante a telerradiologia. As técnicas que utilizam DFT, DCT e wavelets abriram direcções de investigação para aprofundar a melhoria da robustez. Para além disso, as perdas nos dados médicos transmitidos através da rede desempenham um papel muito importante e têm de ser resolvidas.

Durante o estudo, foram observados alguns problemas na conceção de um algoritmo de marca de água para imagens médicas. Os esquemas de marca de água para imagens médicas não são "genéricos" por natureza. Se um determinado esquema de marca de água é aplicável a uma imagem digital, o mesmo não é robusto para imagens médicas. Se o mesmo esquema de marca de água aplicável a imagens digitais for alargado a imagens médicas, não foi efectuada qualquer análise do impacto do ataque. Na maior parte dos trabalhos de investigação sobre marcas de água, o esquema de marca de água é aplicado a um conjunto de imagens digitais de teste comuns. As características variam de uma imagem para outra, ou seja, as características de uma imagem médica são diferentes das de uma imagem digital. O desempenho contra um determinado ataque pode não ser o mesmo que o do sistema de marca de água para imagens digitais. A maioria dos esquemas de marca de água é desenvolvida com base na extensão de um esquema apresentado anteriormente e, em seguida, o seu desempenho é analisado contra a manipulação comum de imagens e ataques conhecidos. No entanto, não foi desenvolvido nenhum esquema que seja, por conceção, resistente a pelo menos um ataque que não possa ser efectuado por um atacante.

O principal objetivo deste trabalho é desenvolver esquemas de marca de água para imagens médicas, em particular mamografias. O esquema de marca de água pode suportar os ataques comuns de processamento de imagem e as operações de manipulação de imagem. Além disso, os algoritmos de marca de água propostos nos capítulos seguintes proporcionam uma maior robustez, evitando perdas nos dados médicos.

Capítulo 3: Marcação de água por decomposição do valor singular baseada em blocos

3.1. Introdução

O advento dos meios de comunicação digitais conduziu ao acesso e à modificação ilegais de dados digitais. As questões levantadas no que respeita aos direitos de propriedade são motivo de grande preocupação. A marca de água digital oferece uma solução para este problema (Liu 2002: 121-128). Estas técnicas convencionais de marca de água, propostas principalmente para aplicações multimédia, são imperceptíveis e robustas.

Estão disponíveis várias técnicas de marca de água SVD (Andrews 1976: 26-53), (Knockaert 1999: 2724-2729), (Liu 2002: 121-128), (Chang 2005: 1577-1586), (Sheih 2006: 428-440), (Mohammad 2008: 2158-2180) para imagens convencionais. (Liu 2002:121-128) propôs um esquema de SVD para a propriedade legítima. O algoritmo baseava-se em 3 passos. Em primeiro lugar, a SVD foi efectuada na imagem anfitriã. Em segundo lugar, a marca de água foi adicionada à matriz diagonal. Em terceiro lugar, foi efectuada a SVD inversa para obter a marca de água de referência. Zhang (2005: 593-594) demonstra que este método é fundamentalmente incorreto. Isto deve-se ao facto de a marca de água ter sido incorporada apenas nos elementos diagonais e ter sido extraída de uma matriz diagonal distorcida. No entanto, este método pode reivindicar direitos de propriedade. Outra variação do método de (Liu 2002: 121-128) foi proposta por (Mohammad 2008: 2158-2180). Este algoritmo evitava distorções na extremidade do detetor. Para além disso, este método utilizou uma mensagem de texto como marca de água, tendo-se verificado que era robusto e seguro face a ataques geométricos. Outro método foi proposto por (Sheih 2006: 428-440). Neste caso, a marca de água em escala de cinzentos incorporada baseou-se na SVD da imagem anfitriã e em permutações caóticas. Este esquema era resistente a ataques geométricos, mas o tamanho da marca de água era igual ao da imagem.

Os métodos SVD acima referidos utilizaram imagens convencionais como bancos de ensaio. O campo de investigação para a modalidade de imagem médica ainda está em aberto. Observa-se que a marca de água em imagens médicas é uma técnica destinada a manter a fiabilidade, a confidencialidade e, em alguns casos, a disponibilidade de imagens médicas para a fonte adequada, ao passo que a marca de água em imagens convencionais se destina a proporcionar autenticação, proteção da propriedade intelectual, propriedade e segurança. Devido a razões de confidencialidade e de sigilo das comunicações entre o doente e o médico, os sistemas convencionais de marca de água podem não ser adequados para os dados médicos. Em primeiro lugar, os dados médicos transmitidos através da rede pública são susceptíveis de erros de transmissão. Em segundo lugar, a negligência humana ou os ataques maliciosos podem prejudicar os dados médicos. O processo de marca de água não deve alterar a qualidade da imagem e deve ser capaz de recuperar qualquer informação confidencial incorporada na imagem.

$$SVD = USV^T \tag{3.1}$$

$$= \begin{bmatrix} u_{11} & \cdots & \cdots & u_{1n} \\ \vdots & \cdot & & \\ \vdots & & \cdot & \\ u_{n1} & \cdots & \cdots & u_{nn} \end{bmatrix} \begin{bmatrix} s_{11} & \cdots & \cdots & s_{1n} \\ \vdots & \cdot & & \\ \vdots & & \cdot & \\ s_{n1} & \cdots & \cdots & s_{nn} \end{bmatrix} \begin{bmatrix} v_{11} & \cdots & \cdots & v_{1n} \\ \vdots & \cdot & & \\ \vdots & & \cdot & \\ v_{n1} & \cdots & \cdots & v_{nn} \end{bmatrix}^T \tag{3.2}$$

$$= \sum_{i=1}^{n} u_i s_i v_i^T \tag{3.3}$$

Neste capítulo, é proposto um esquema de marca de água SVD baseado em blocos. A marca de água é incorporada no domínio SVD da imagem original. Este método tem um bom desempenho na resolução do problema da propriedade legítima da imagem e é resistente aos ataques geométricos comuns. Para uma dada imagem convencional (Lena, Mandrill, etc.), os esquemas de marca de água de imagem baseados em SVD são robustos. Mas a análise do desempenho da SVD para modalidades de imagens médicas não está disponível na literatura. Assim, tenta-se analisar o desempenho dos esquemas de marca de água baseados na SVD para imagens convencionais e médicas.

3.2. Decomposição do valor singular

A SVD é uma poderosa ferramenta de análise numérica para o cálculo de matrizes. A SVD é um algoritmo de decomposição unidirecional e é uma decomposição óptima de matrizes no sentido dos mínimos quadrados.

Para uma dada matriz *de* entrada A *de* dimensões nxn, a matriz de entrada pode ser decomposta em três matrizes componentes como U, V e s, como se segue:

onde,

as colunas de U são vectores próprios ortogonais de $A A^T$;

as colunas de V são vectores próprios ortogonais de $A^T A$; e

5 é uma matriz diagonal que contém as raízes quadradas dos valores próprios de U ou V por ordem decrescente.

Vantagens da SVD

A SVD tem as seguintes condições de compatibilidade.

- A dimensão da matriz de entrada considerada pode ser quadrada ou retangular.

- É um método para transformar um conjunto de variáveis correlacionadas num conjunto de variáveis não correlacionadas. Esta propriedade da SVD fornece uma interpretação das relações entre os itens de dados originais.

- A SVD identifica e ordena as dimensões ao longo das quais os pontos de dados apresentam a variação mais provável.

- A SVD permite uma melhor aproximação dos pontos de dados originais com muito poucas dimensões.

Por outras palavras, a SVD pode ser identificada como um método de redução de dados.

- A SVD permite minimizar o erro de truncagem dos mínimos quadrados. Isto deve-se ao facto de o potencial total de graus de liberdade das três matrizes U ,V unitárias e da matriz diagonal 5 ser igual ao da imagem do hospedeiro de entrada.

- Os valores singulares são os valores menos afectados durante as operações de tratamento de imagem e, por conseguinte, permitem uma recuperação óptima dos valores da matriz durante a transformação SVD inversa.

3.3. Trabalho proposto

Nesta secção, é proposto um esquema de marca de água SVD baseado em blocos. Existem duas fases no esquema de marca de água proposto; a fase de incorporação da marca de água e a fase de extração da marca de água.

Incorporação de marca de água

As etapas envolvidas na fase de incorporação da marca de água são descritas de seguida:

    i. Particionar a imagem em blocos de $m \times m$ pixéis.

    ii. Efetuar a transformação SVD em cada bloco particionado para obter as matrizes ortogonais decompostas U, V e a matriz diagonal s.

    iii. Demarcar um coeficiente de quantização ótimo, Q, e um parâmetro de confiança, a. O parâmetro α define a intensidade do esquema de marca de água para resistir a ataques comuns. O parâmetro α do esquema de marca de água também garante a segurança.

    iv. Extrair o maior coeficiente de cada s componentes de cada bloco e quantizá-lo por Q.

    v. Obter o resto, R, da matriz diagonal (s) para cada bloco em relação ao coeficiente de quantização Q escolhido e é definido por

$$R = S \bmod Q \tag{3.4}$$

vi. Se , o bit da marca de água $=0$ e

$$R \le \frac{\alpha(Q)}{4} \tag{3.5}$$

então o coeficiente s modificado é dado por

$$S = S - R - \frac{\alpha(Q)}{4} \tag{3.6}$$

senão

$$S = S - R + \frac{\alpha(3Q)}{4} \tag{3.7}$$

vii. Se o bit da marca de água $= 1$ e

$$R \geq \frac{\alpha(3Q)}{4} \tag{3.8}$$

então o coeficiente S modificado é dado por

$$S = S - R + \frac{\alpha(5Q)}{4} \tag{3.9}$$

senão

$$S = S - R + \frac{\alpha(Q)}{4} \tag{3.10}$$

viii. Efetuar a SVD inversa e restaurar todos os blocos para obter a imagem com marca de água.

Extração da marca de água

O procedimento de extração da marca de água é descrito da seguinte forma:

i. Partição em blocos da imagem com marca de água.

ii. Aplicar a transformação SVD a estes pixéis particionados em blocos.

iii. $\quad$ If, $R \geq \dfrac{Q}{2}$, $\tag{3.11}$

então o bit da marca de água extraído é 1, caso contrário o bit é 0.

Desvantagens do método proposto

- A qualidade da marca de água extraída varia consoante as características da imagem.
- Uma vez que a SVD é um esquema de marca de água baseado em pixéis, este facto leva a perdas nas características da imagem médica sob ataque. As perdas numa imagem médica são indesejáveis.
- O tamanho da marca de água varia consoante o tamanho da imagem e o tamanho do bloco.
- A marca de água é extraída sem aceder às imagens do anfitrião, o que leva a modificações indesejadas nas imagens do anfitrião por fontes não fidedignas.

Vantagens do método proposto

Embora os esquemas de marca de água SVD não sejam adequados para imagens médicas, o método proposto tem as seguintes vantagens

- O esquema de marca de água é invisível.
- Para os mamogramas, os resultados são lineares e a qualidade da marca de água extraída é estável.
- A marca de água em imagens médicas trata da segurança, integridade e fiabilidade. Este algoritmo de marca de água garante a segurança, ou seja, o parâmetro de segurança α define a segurança.
- Qualquer adulteração na imagem é reconhecida pela qualidade da marca de água extraída.
- O esquema de marca de água é capaz de resistir a vários ataques, o que lhe confere robustez.

3.4. Resultados experimentais

Nesta secção, a robustez do esquema proposto para imagens convencionais e médicas é demonstrada e comparada. Foram efectuadas várias experiências de simulação para verificar a validade do esquema de marca de água proposto e avaliar o seu desempenho contra vários ataques. Para este estudo, são realizadas várias experiências com um conjunto de imagens convencionais de nível cinzento, "Lena", "Mandrill", "Pirate" e imagens médicas padrão - ultra-sons, TAC, RMN, "Mamografias - base de dados MIAS" - mdb001, mdb054, mdb179 e mdb244 de tamanho 512 X 512. As imagens médicas convencionais são consideradas como imagens de teste para identificar os requisitos de um esquema de marca de água de imagens médicas. Para os resultados discutidos, é utilizada uma imagem binária, "logo-BMW", como marca de água. O tamanho da marca de água é de 64 x 64, $Q = 50$ escolhido aleatoriamente e α varia de 0,5 a 2,5. Considera-se um tamanho de bloco 8 x 8 da imagem do hospedeiro. A SVD é aplicada em cada bloco para obter as componentes U, V e 5 do bloco. O algoritmo proposto é implementado no MATLAB 2014a num processador Intel Core i5. A resistência do esquema de marca de água a vários ataques é discutida.

O esquema de marca de água proposto é impercetível e não cego por natureza. As imagens com marca de água incorporada dificilmente podem ser distinguidas da imagem anfitriã. Para avaliar a robustez do esquema proposto, o desempenho do algoritmo proposto é testado contra vários ataques comuns de marcas de água. O rácio sinal-pico-para-nuvem (PSNR) entre a imagem original e a imagem com marca de água, o coeficiente de correlação entre a imagem original e a marca de água extraída e a taxa de erro de bits (BER) são as métricas de avaliação utilizadas. Estes resultados estão tabelados na Tabela 3.1, na Tabela 3.2 e na Tabela 3.3. A Fig. 3.1. mostra várias modalidades de imagem utilizadas e as respectivas marcas de água extraídas. A Tabela 3.4 tabula os resultados para variar α. Observa-se que, à medida que α aumenta, o coeficiente de correlação e os valores BER saturam. Observa-se que a marca de água extraída é variante da imagem e constante para os mamogramas. Além disso, as Figuras 3.2, 3.3, 3.4, 3.5, 3.6, 3.7, 3.8, 3.9, 3.10 e 3.11 mostram o desempenho do sistema proposto contra vários ataques às imagens com marca de água e às marcas de água extraídas correspondentes.

São realizados três conjuntos de experiências. No primeiro conjunto de experiências, é investigada a robustez do esquema proposto contra ataques de Recorte (200x200 pixels), Rotação (5^0 no sentido dos ponteiros do relógio), Redimensionamento e Nitidez. A Fig. 3.12. mostra a imagem com marca de água e a marca de água extraída para imagens convencionais e médicas atacadas. A fase de incorporação da marca de água proposta permanece robusta à rotação, desde que seja possível compensar a perda de sincronização. Observa-se que a qualidade da marca de água extraída é mais truncada nas imagens médicas do que nas imagens convencionais.

Na segunda experiência, a técnica proposta é testada contra a compressão JPEG com diferentes factores de qualidade. A Fig. 3.13 mostra os ataques de compressão com diferentes factores de qualidade para imagens convencionais e médicas. O método proposto é robusto contra a compressão JPEG com diferentes factores de qualidade (QF) até 10. A qualidade da marca de água extraída diminui com o fator de qualidade JPEG. A robustez pode ser mantida até um limiar predefinido de QF, abaixo do qual a robustez diminui. No entanto, existe um compromisso na qualidade da marca de água extraída para imagens médicas.

Na experiência seguinte, é investigado o efeito do ruído de sal e pimenta, da filtragem mediana, da filtragem gaussiana e da filtragem de Weiner. A Fig. 3.14 mostra os resultados para o mesmo. O método oferece uma enorme resistência à filtragem gaussiana e à filtragem de Weiner e uma resistência considerável a diferentes densidades de ruído de sal e pimenta, tanto para imagens convencionais como para imagens médicas.

TABELA 3.1. TESTE DE ROBUSTEZ CONTRA VÁRIOS ATAQUES (IMAGENS CONVENCIONAIS)
MARCA DE ÁGUA UTILIZADA: LOGÓTIPO

Ataque	Lena			Pirata			Mandril		
	PSNR	Coeficiente de correlação	RIC	PSNR	Correlação Coeficiente	RIC	PSNR	Correlação Coeficiente	RIC
Sem ataque	42.741	1.00	0.00	42.435	1.00	0.000	41.895	1.00	0.00
Cultivo	13.776	0.861	0.074	12.005	0.861	12.005	13.291	0.861	0.074
Rotação	14.326	0.054	0.469	14.196	0.031	0.483	12.831	0.004	0.497
Redimensionamento	28.836	0.730	0.134	26.263	0.587	0.206	22.509	0.404	0.300
Afiação	25.693	0.334	0.331	22.604	0.216	0.391	21.041	0.120	0.440
Compressão	35.565	0.998	0.00	32.551	1.00	0.000	32.905	1.000	0.00
Ruído de sal e pimenta	28.198	0.655	0.171	28.243	0.685	0.156	28.385	0.621	0.188
Gaussiano Filtro	39.274	0.937	0.031	36.779	0.923	0.038	35.940	0.910	0.044
Weiner Filtragem	37.592	0.983	0.008	34.018	0.985	0.007	30.841	0.860	0.069
Filtragem mediana	35.360	0.896	0.051	31.383	0.772	0.113	28.613	0.641	0.179

TABELA 3.2. TESTE DE ROBUSTEZ CONTRA VÁRIOS ATAQUES (IMAGENS MÉDICAS)
MARCA DE ÁGUA UTILIZADA: LOGÓTIPO

Ataque	ULTRASOUND-Fígado			TAC cerebral			Ressonância magnética - Coluna vertebral		
	PSNR	Coeficiente de correlação	RIC	PSNR	Coeficiente de correlação	RIC	PSNR	Coeficiente de correlação	RIC
Sem ataque	44.867	0.511	0.278	44.569	0.522	0.272	44.344	0.465	0.305
Cultivo	8.876	0.440	0.280	8.888	0.437	0.282	8.890	0.377	0.312

	PSNR	Correlação Coeficiente	RIC	PSNR	Correlação Coeficiente	RIC	PSNR	Correlação Coeficiente	RIC
Rotação	19.325	-0.093	0.520	16.724	-0.126	0.538	16.687	-0.086	0.512
Redimensionamento	33.247	0.201	0.396	29.925	0.130	0.424	30.497	0.128	0.426
Afiação	32.923	-0.038	0.495	30.816	-0.315	0.650	30.184	-0.517	0.755
Compressão	41.045	0.511	0.278	40.396	0.518	0.273	40.621	0.465	0.305
Ruído de sal e pimenta	26.641	0.331	0.346	26.750	0.320	0.349	26.775	0.278	0.371
Gaussiano Filtro	44.494	0.511	0.279	43.788	0.461	0.292	43.630	0.454	0.309
Weiner Filtragem	43.163	0.511	0.279	42.039	0.396	0.315	42.440	0.459	0.307
Filtragem mediana	42.083	0.488	0.288	42.125	0.441	0.301	40.875	0.431	0.318

TABELA 3.3. TESTE DE ROBUSTEZ CONTRA VÁRIOS ATAQUES (MAMOGRAFIAS) MARCA DE ÁGUA UTILIZADA: LOGÓTIPO

Ataque (α=1)	mdbOOl			mdb!79			mdb244		
	PSNR	Correlação Coeficiente	RIC	PSNR	Correlação Coeficiente	RIC	PSNR	Correlação Coeficiente	RIC
Sem ataque	49.947	0.434	0.322	50.926	0.418	0.331	49.901	0.595	0.228
Cultivo	14.184	0.364	0.319	14.184	0.346	0.327	14.184	0.548	0.225
Rotação	20.359	0.080	0.445	18.504	0.072	0.448	17.923	0.049	0.460
Redimensionamento	36.617	0.431	0.324	35.383	0.409	0.335	38.282	0.556	0.243
Afiação	36.812	-0.523	0.762	37.021	-0.581	0.791	35.917	-0.165	0.583
Compressão	44.915	0.434	0.322	48.324	0.417	0.331	44.469	0.595	0.228
Ruído de sal e pimenta	26.678	0.373	0.347	26.172	0.324	0.364	26.730	0.389	0.314
Gaussiano Filtro	48.086	0.433	0.322	46.594	0.411	0.335	47.293	0.250	0.540
Weiner Filtragem	47.753	0.434	0.322	51.730	0.418	0.331	47.456	0.228	0.595
Filtragem mediana	47.732	0.488	0.288	38.167	0.410	0.335	47.210	0.229	0.593

Ataque (mdbOOl)	a=0.5			a=1.5			a=2.5		
	PSNR	Correlação Coeficiente	RIC	PSNR	Correlação Coeficiente	RIC	PSNR	Correlação Coeficiente	RIC
Sem ataque	53.338	0.174	0.406	46.729	0.000	0.462	42.206	0.000	0.462
Cultivo	14.185	0.181	0.403	14.183	0.458	0.042	14.180	0.000	0.462
Rotação	20.372	0.046	0.460	20.357	0.023	0.461	20.345	0.000	0.462
Redimensionamento	36.648	0.158	0.413	36.533	0.261	0.406	36.262	0.000	0.462
Afiação	37.579	-0.672	0.834	35.864	-0.011	0.464	33.697	0.000	0.462
Compressão	45.048	0.092	0.440	44.238	0.144	0.445	41.654	0.000	0.462
Ruído de sal e pimenta	26.762	0.136	0.422	26.587	0.103	0.452	26.504	0.000	0.462
Gaussiano Filtro	48.864	0.173	0.407	46.378	0.291	0.461	43.119	0.000	0.462
Weiner Filtragem	48.280	0.172	0.407	45.838	0.116	0.451	42.022	0.000	0.462
Filtragem mediana	47.974	0.173	0.407	46.695	0.075	0.457	43.994	0.000	0.462

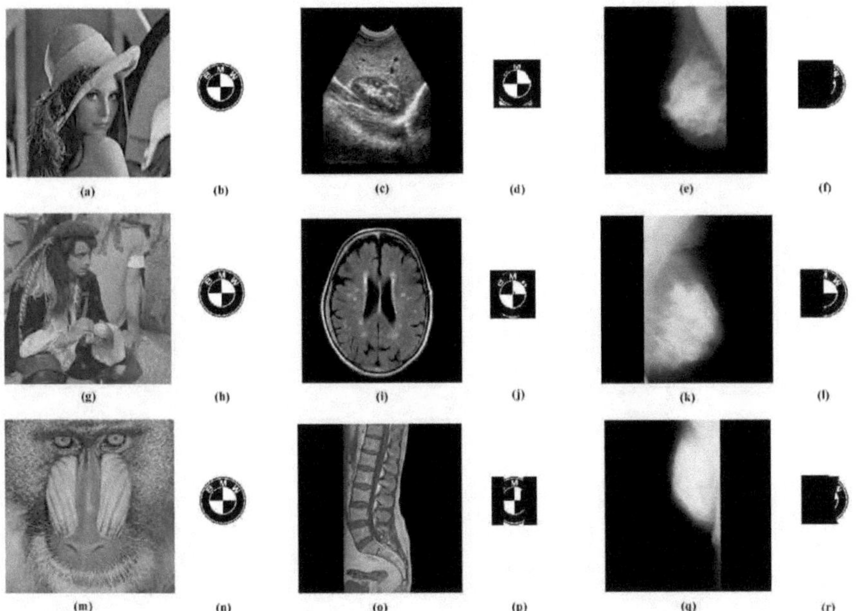

Figura 3.1. Imagens do hospedeiro e a respectiva marca de água extraída (sem ataque)
Imagens convencionais - (a) Lena (b) Marca de água extraída (g) Pirata (h) Marca de água extraída
(m) Mandril (n) Marca de água extraída;
Imagem médica - (c) Ultra-sons do fígado (d) Marca de água extraída (i) TAC do cérebro (j) Marca de
água extraída (o) Ressonância magnética da coluna vertebral
                (p) Marca de água extraída ;
Mamografias - (e) mdb001 (f) Marca de água extraída (k) mdb244 (l) Marca de água extraída (q)
mdb179 (r) Marca de água extraída

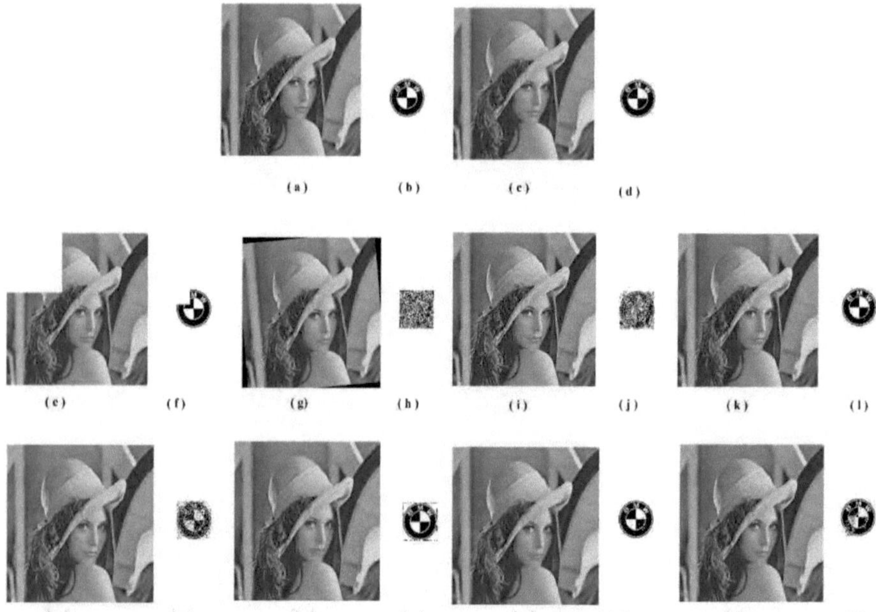

Figura 3.2. Resultados da marca de água sob ataques- Lena (a) Imagem do hospedeiro (b) Marca de água original (c) Imagem com marca de água (d) Marca de água extraída (e) Recorte (f) Marca de água extraída (g) Rotação (h) Marca de água extraída (i) Nitidez (j) Marca de água extraída (k) Compressão l) Marca de água extraída m) Ruído de sal e pimenta n) Marca de água extraída o) Filtro Gaussiano p) Marca de água extraída q) Filtro Weiner r) Marca de água extraída s) Filtro Mediano t) Marca de água extraída

**Figura 3.3. Resultados da marca de água sob ataques- Pirata (a) Imagem do hospedeiro (b) Marca de água original (c) Imagem com marca de água
(d) Marca de água extraída (e) Recorte (f) Marca de água extraída (g) Rotação (h) Marca de água extraída (i) Nitidez
(j) Marca de água extraída (k) Compressão l) Marca de água extraída m) Ruído de sal e pimenta n) Marca de água extraída
o) Filtro Gaussiano p) Marca de água extraída q) Filtro Weiner r) Marca de água extraída s) Filtro Mediano t) Marca de água extraída**

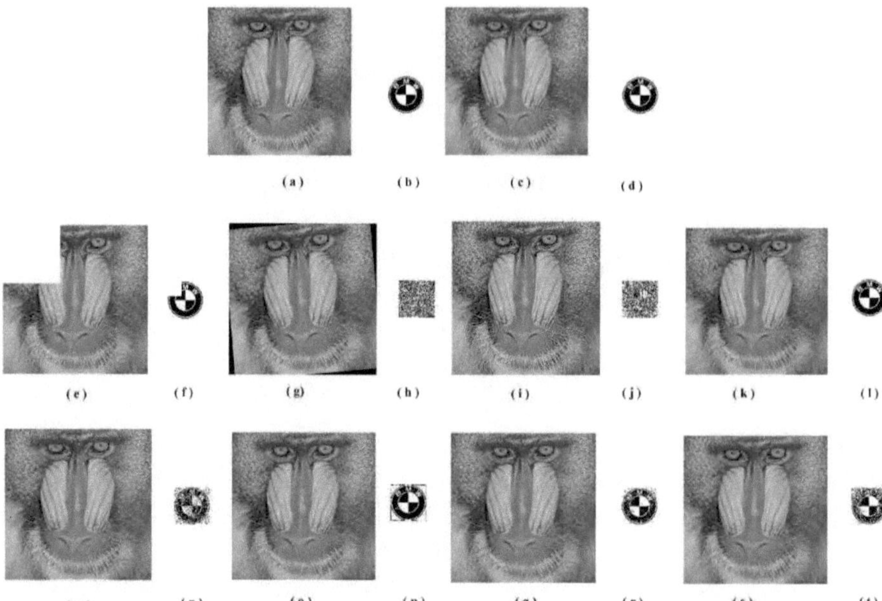

Figura 3.4. Resultados da marca de água sob ataques- Mandril (a) Imagem do hospedeiro (b) Marca de água original (c) Imagem com marca de água (d) Marca de água extraída (e) Recorte (f) Marca de água extraída (g) Rotação (h) Marca de água extraída (i) Nitidez (j) Marca de água extraída (k) Compressão l) Marca de água extraída m) Ruído de sal e pimenta n) Marca de água extraída o) Filtro Gaussiano p) Marca de água extraída q) Filtro Weiner r) Marca de água extraída s) Filtro Mediano t) Marca de água extraída

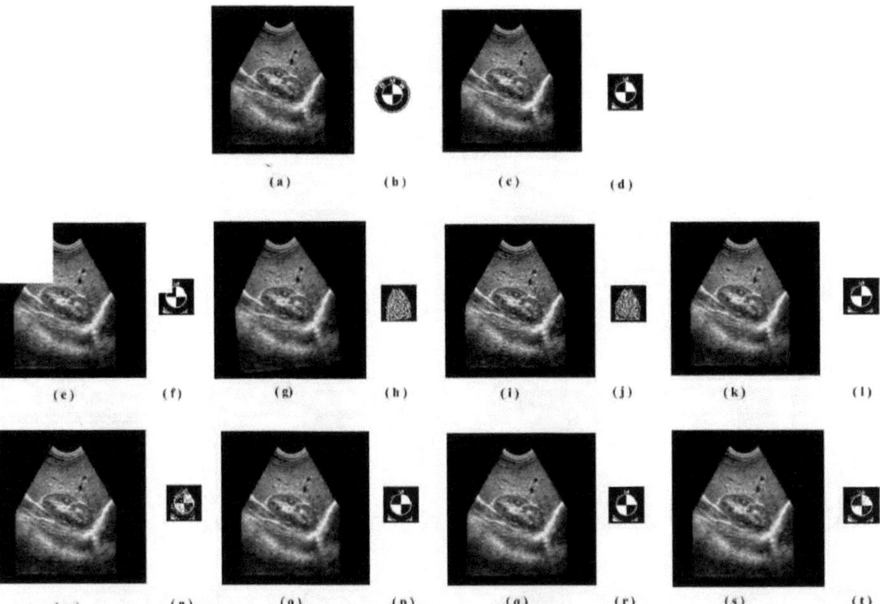

Figura 3.5. Resultados da marca de água sob ataques- Fígado (ultra-sons) (a) Imagem do hospedeiro (b) Marca de água original (c) Imagem com marca de água (d) Marca de água extraída (e) Recorte (f) Marca de água extraída (g) Rotação (h) Marca de água extraída (i) Nitidez (j) Marca de água extraída (k) Compressão l) Marca de água extraída m) Ruído de sal e pimenta n) Marca de água extraída o) Filtro Gaussiano p) Marca de água extraída q) Filtro Weiner r) Marca de água extraída s) Filtro mediano t) Marca de água extraída

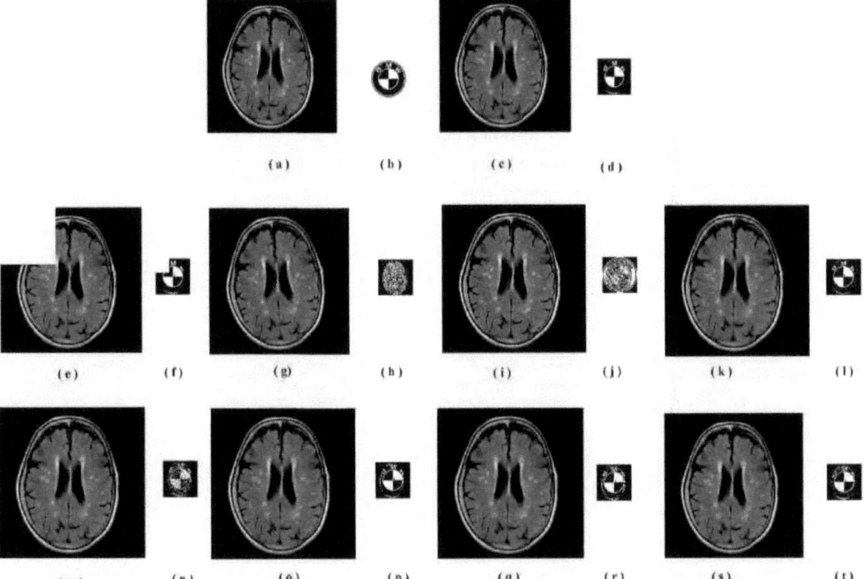

Figura 3.6. Resultados da marca de água sob ataques- Cérebro (TAC) (a) Imagem do hospedeiro (b)

Marca de água original (c) Imagem com marca de água
(d) Marca de água extraída (e) Recorte (f) Marca de água extraída (g) Rotação (h) Marca de água extraída (i) Nitidez
(j) Marca de água extraída (k) Compressão l) Marca de água extraída m) Ruído de sal e pimenta n) Marca de água extraída
o) Filtro Gaussiano p) Marca de água extraída q) Filtro Weiner r) Marca de água extraída s) Filtro mediano t) Marca de água extraída

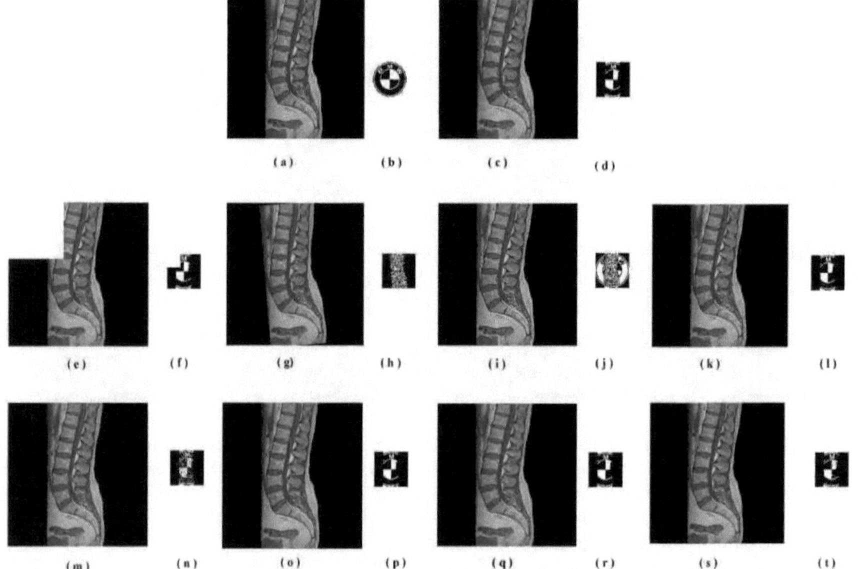

Figura 3.7. Resultados da marca de água sob ataques- Spine(MRI) (a) Imagem do hospedeiro (b) Marca de água original (c) Imagem com marca de água
(d) Marca de água extraída (e) Recorte (f) Marca de água extraída (g) Rotação (h) Marca de água extraída (i) Nitidez
(j) Marca de água extraída (k) Compressão l) Marca de água extraída m) Ruído de sal e pimenta n) Marca de água extraída
o) Filtro Gaussiano p) Marca de água extraída q) Filtro Weiner r) Marca de água extraída s) Filtro Mediano t) Marca de água extraída

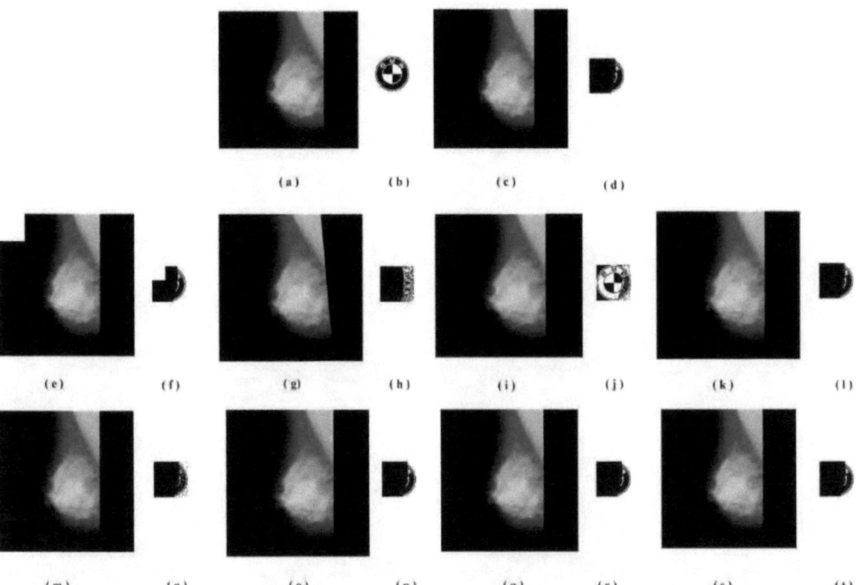

Figura 3.8. Resultados da marca de água sob ataques- mdb001 (a) Imagem do hospedeiro (b) Marca de água original (c) Imagem com marca de água
(d) Marca de água extraída (e) Recorte (f) Marca de água extraída (g) Rotação (h) Marca de água extraída (i) Nitidez
(j) Marca de água extraída (k) Compressão l) Marca de água extraída m) Ruído de sal e pimenta n) Marca de água extraída
o) Filtro Gaussiano p) Marca de água extraída q) Filtro Weiner r) Marca de água extraída s) Filtro Mediano t) Marca de água extraída

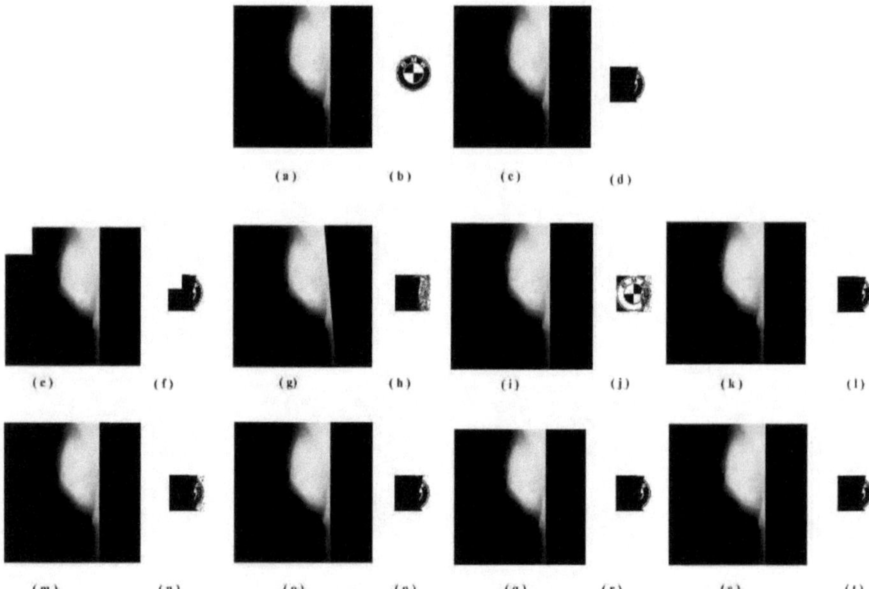

Figura 3.9. Resultados da marca de água sob ataques- mdb179 (a) Imagem do hospedeiro (b) Marca de água original (c) Imagem com marca de água
(d) Marca de água extraída (e) Recorte (f) Marca de água extraída (g) Rotação (h) Marca de água extraída (i) Nitidez
(j) Marca de água extraída (k) Compressão l) Marca de água extraída m) Ruído de sal e pimenta n) Marca de água extraída
o) Filtro Gaussiano p) Marca de água extraída q) Filtro Weiner r) Marca de água extraída s) Filtro Mediano t) Marca de água extraída

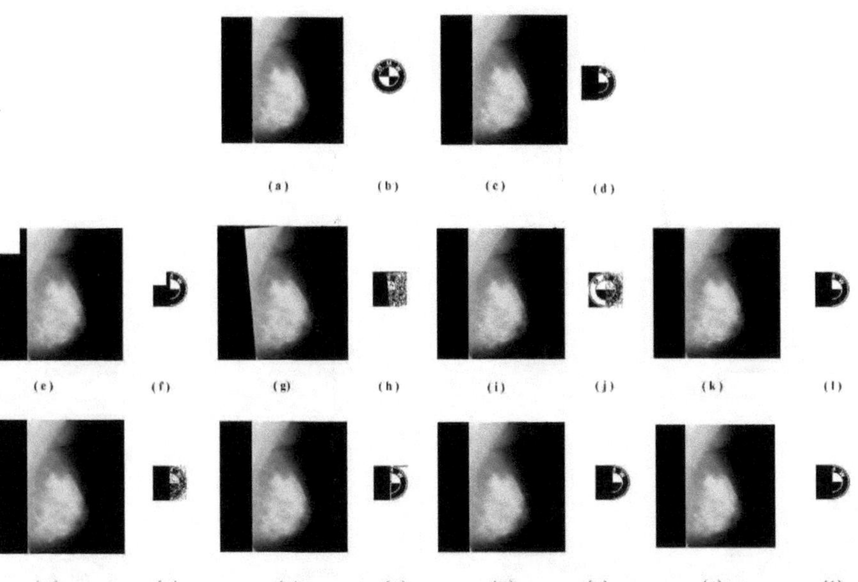

Figura 3.10. Resultados da marca de água sob ataques- mdb244 (a) Imagem do anfitrião (b) Marca de água original (c) Imagem com marca de água
(d) Marca de água extraída (e) Recorte (f) Marca de água extraída (g) Rotação (h) Marca de água extraída (i) Nitidez
(j) Marca de água extraída (k) Compressão l) Marca de água extraída m) Ruído de sal e pimenta n) Marca de água extraída
o) Filtro Gaussiano p) Marca de água extraída q) Filtro Weiner r) Marca de água extraída s) Filtro Mediano t) Marca de água extraída

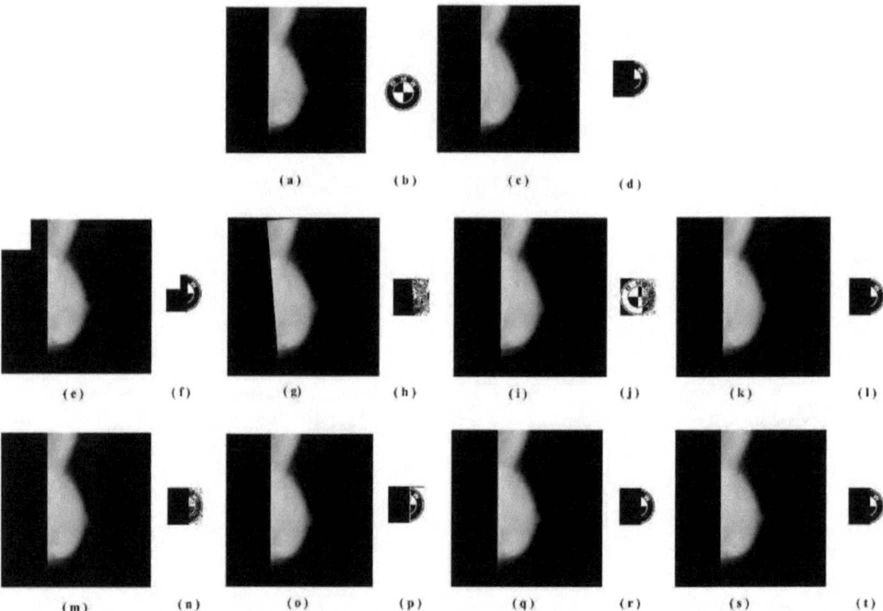

Figura 3.11. Resultados da marca de água sob ataques- mdb054 (a) Imagem do anfitrião (b) Marca de água original (c) Imagem com marca de água (d) Marca de água extraída (e) Recorte (f) Marca de água extraída (g) Rotação (h) Marca de água extraída (i) Nitidez (j) Marca de água extraída (k) Compressão l) Marca de água extraída m) Ruído de sal e pimenta n) Marca de água extraída o) Filtro Gaussiano p) Marca de água extraída q) Filtro Weiner r) Marca de água extraída s) Filtro Mediano t) Marca de água extraída

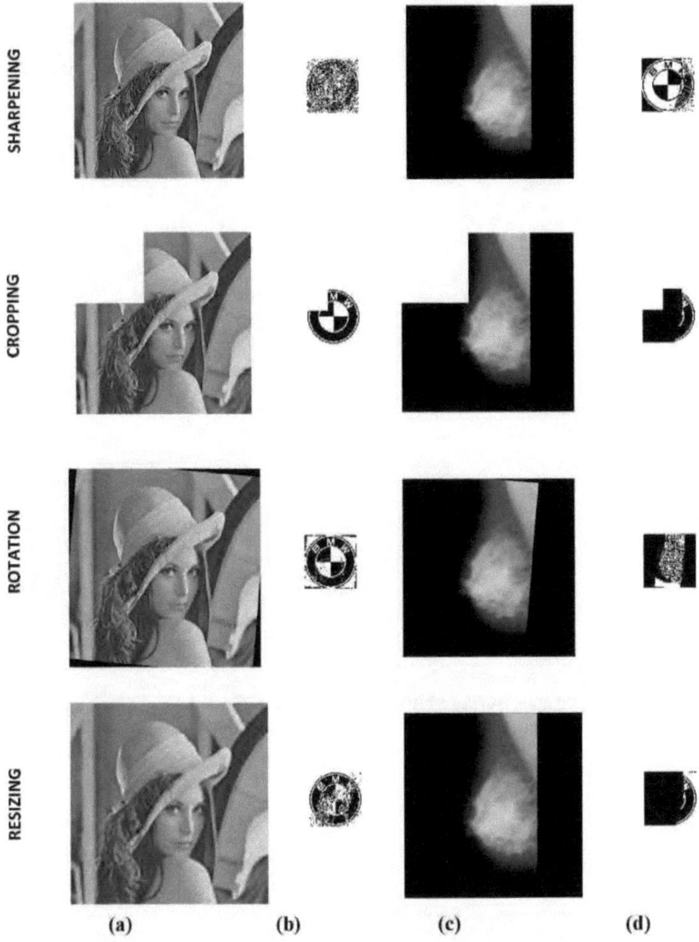

Figura 3.12: Ataques geométricos a) Imagem convencional atacada - Lean b) Marca de água extraída c) Imagem médica atacada - mdb001 d) Marca de água extraída

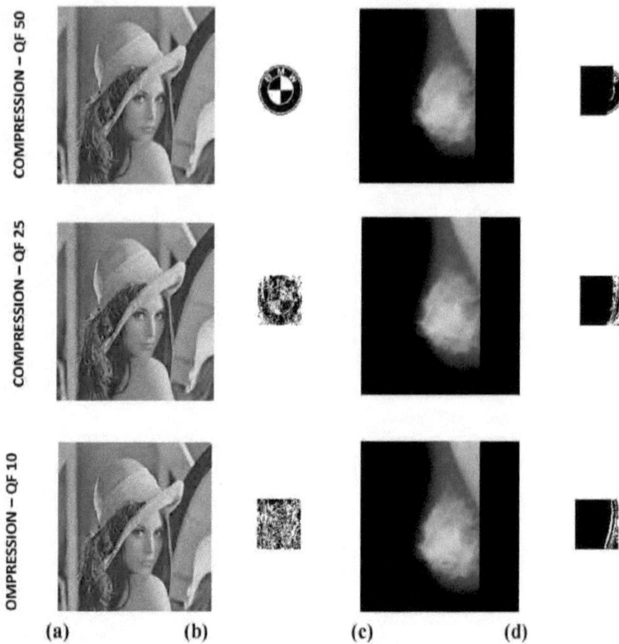

Figura 3.13: Ataque de compressão a) Imagem convencional atacada - Lena b) Marca de água extraída c) Imagem médica atacada - mdb001 d) Marca de água extraída

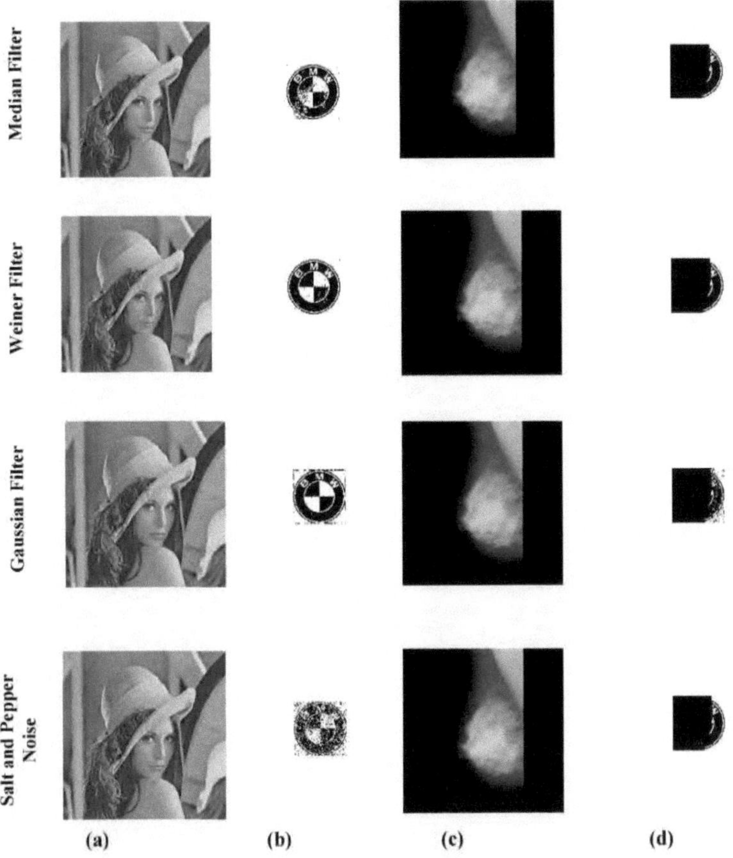

Figura 3.14: Ataque de processamento de sinal a) Imagem convencional atacada - Lena b) Marca de água extraída c) Imagem médica atacada - mdb001 d) Marca de água extraída

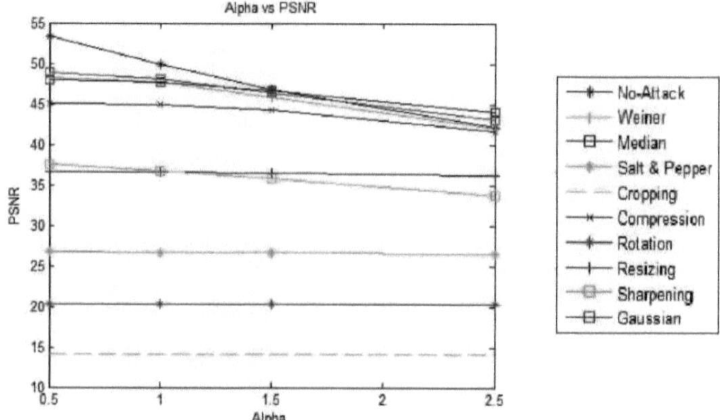

Figura 3.15: Alfa versus PSNR (mdb001)

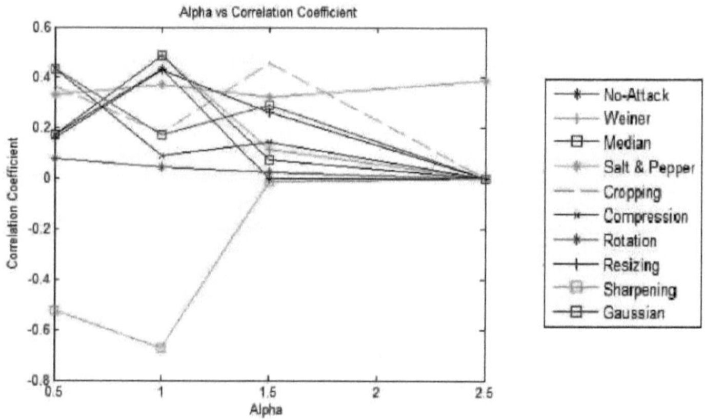

Figura 3.16: Coeficiente alfa versus coeficiente de correlação (mdb001)

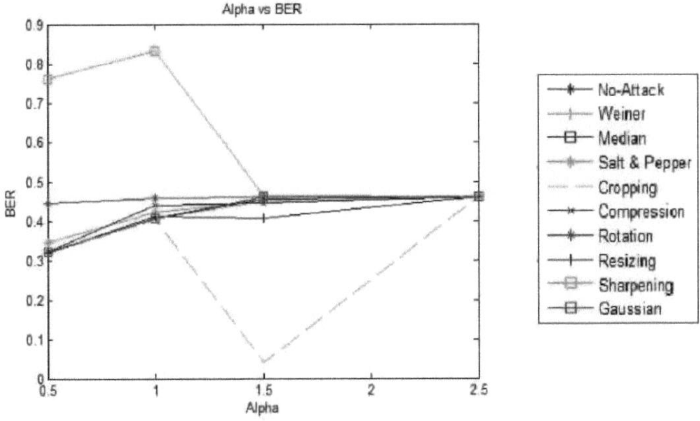

Figura 3.17: Alfa versus BER (mdb001)

3.5. Conclusões

Neste capítulo, discutimos a análise de desempenho de um esquema de marca de água SVD baseado em blocos. O SVD, sendo um algoritmo de decomposição unidirecional, proporciona tanto robustez como segurança. As características da composição de s blocos conferem uma maior robustez às imagens convencionais. Além disso, as marcas de água extraídas para estas imagens convencionais, após os ataques, são claramente identificadas (Tabela 3.1). Mas os resultados tabulados na Tabela 3.2. e na Tabela 3.3. mostram que os esquemas de marca de água desenvolvidos para imagens convencionais não têm um bom desempenho em imagens médicas. O algoritmo proposto, quando aplicado a imagens médicas, apresenta certas limitações. A marca de água extraída também varia consoante as diferentes modalidades de imagens médicas (Fig. 3.1, Fig. 3.5 - Fig.3.11). A imagem médica recuperada não será, no entanto, considerada autêntica e não poderá ser utilizada para fins clínicos. Uma possibilidade para o objetivo da recuperação é ajudar na investigação para encontrar o motivo e a pessoa responsável pela adulteração.

A partir dos resultados tabulados nas secções anteriores, observa-se que o esquema proposto fornece um coeficiente de correlação superior para imagens convencionais do que para imagens médicas. No entanto, o coeficiente de correlação é linear para a mamografia. O valor BER é mais baixo para as imagens convencionais do que para as imagens médicas, e quase linear para as mamografias. Além disso, a qualidade da marca de água extraída degrada-se.

As Fig. 3.15, 3.16 e 3.17 representam os resultados gráficos. A partir dos gráficos, observa-se que o esquema de marca de água SVD proposto atinge a saturação para valores maiores de α. Além disso, o coeficiente de correlação, tal como ilustrado na Fig. 3.16, depende de α e varia aleatoriamente. Também se observam não linearidades semelhantes na Fig. 3.17. Isto indica que a robustez do algoritmo de marca de água proposto depende do fator de segurança α.

Em geral, os resultados revelam que este esquema não é totalmente robusto para imagens médicas. Por conseguinte, é necessário desenvolver esquemas de marca de água mais robustos para imagens médicas. Uma vez que os resultados obtidos são lineares para mamografias, este trabalho baseia-se no desenvolvimento de algoritmos de marca de água para mamografias.

Capítulo 4: Marca de água com transformada de pacote de onda fraccionada

4.1. Introdução

Os avanços na gestão de dados no domínio da medicina alteraram a forma como os registos dos doentes são monitorizados e transmitidos. A integridade destes dados tem de ser protegida contra o acesso e as modificações não autorizados. Estas podem conduzir a diagnósticos incorrectos por parte do médico e a investigação indesejada. A marca de água em imagens médicas evoluiu como uma solução para o controlo da integridade e autenticidade das imagens médicas.

Os esquemas de marca de água no domínio do tempo têm várias desvantagens, tal como referido no Capítulo 2. Embora estes esquemas sejam robustos para imagens convencionais, não têm um bom desempenho para imagens médicas. Utilizou-se a SVD, uma ferramenta de análise numérica, e desenvolveram-se vários esquemas de marca de água, tal como se discute no Capítulo 3. Neste caso, a imagem hospedeira é decomposta em componentes U, V e S e a marca de água é incorporada, de preferência no componente S. Outra forma de técnica de marca de água é o domínio da transformação, em que a informação é incorporada nos coeficientes de transformação da imagem hospedeira. As técnicas de marca de água que utilizam a DCT, a DFT, a DWT, etc., dominam o mundo do domínio da transformação para imagens convencionais. No entanto, na literatura, existem muito poucas técnicas de transformação disponíveis para a marcação de água em imagens médicas. Atualmente, este domínio é dominado pelas Wavelets, depois de, nos últimos anos, ter sido dominado pela Transformada de Fourier.

(Barni 1998: 357-372) propôs uma técnica de marca de água em que a marca de água era incorporada em coeficientes de média frequência transformados por DCT da imagem hospedeira. De forma semelhante, outra técnica DCT foi proposta por (Chu 2003: 4-38). Aqui, cada bloco DCT consiste em pixéis obtidos a partir dos pixéis da imagem do hospedeiro. As técnicas baseadas na DCT eram resistentes a ataques de compressão. Este esquema não podia ser aplicado a imagens médicas. Por conseguinte, os sistemas de marca de água baseados em Wavelet são mais adequados para imagens médicas. A DWT decompõe uma imagem num coeficiente aproximado e num coeficiente de pormenor. Outra técnica foi proposta por (Barni 2001: 783-791) para efetuar marcas de água utilizando a DWT. A correlação entre a marca de água original e a extraída provou a robustez desta técnica. (Wei 1998: 1267-1272) também propôs uma técnica de marca de água por DWT. A marca de água foi incorporada nos coeficientes wavelet e o ruído da marca de água foi mantido abaixo do JND de cada coeficiente wavelet. Outras técnicas foram propostas por (Tang 2003: 950-959) utilizando a wavelet Mexican Hat, (Dejey 2011: 315-322) utilizando a transformada DWT-Fan Beam e (Bi 2007: 1956-1966) utilizando a DWT multibanda.

As Wavelets decompõem o subespaço de aproximação, mas não o subespaço de pormenor. Para aplicações que envolvam imagens médicas, tanto o subespaço de aproximação como o de pormenor são importantes, para evitar perdas de dados cruciais. A Transformada de Pacote de Ondas (WPT) decompõe tanto o subespaço de aproximação como o subespaço de pormenor. Neste capítulo, é proposto um esquema robusto de marca de água utilizando wavelets fraccionadas para imagens médicas. O ciclo de vida do esquema de marca de água proposto é dividido em duas fases: a fase de incorporação da marca de água e a fase de extração da marca de água. Além disso, são fornecidos três níveis de segurança (chave), como se segue.

- Em primeiro lugar, a imagem anfitriã é codificada aplicando a transformada de Arnold à imagem anfitriã.

- Em segundo lugar, definimos a ordem de transformação β. O valor atribuído a esta ordem de transformação β actua como a chave. Esta chave gera a imagem de referência. Uma vez que a ordem de transformação β é definida pelo utilizador, é escolhida aleatoriamente. É evidente que este parâmetro garante a segurança da marca de água.

- Em terceiro lugar, é proposta uma regra secreta para lidar com as sub-bandas. Esta regra só é conhecida pelo criador do sistema de marca de água proposto. Esta regra secreta define a posição de todas as sub-bandas de frequência. Por outras palavras, as sub-bandas são alteradas em cada nível com base na regra secreta. Isto protege a marca de água e impede o adversário de aceder à imagem de referência. A degradação da qualidade da imagem está diretamente relacionada com a relação linear entre a marca de água extraída e a marca de água original.

Vantagens do FRWPT

- A transformada de Fourier fraccionada (FRFT) proporciona uma maior capacidade de reconstrução do que a transformada rápida de Fourier (FFT). Quando a FRFT é combinada com a WPT, as vantagens da FRFT e da WPT são combinadas.

- Embora exista um compromisso devido a esta combinação, os coeficientes são mantidos após os ataques devido às vantagens da FRFT e da WPT.

4.2. A Transformada de Pacote de Onda Fraccionada

A série de Taylor foi a forma básica de representar sinais durante muito tempo. Na Série de Taylor, a cooperação para construir melhores sinais é rígida. A liberdade de adicionar um grande número de termos não existe. A série de Fourier é um avanço em relação à série de Taylor. É bem conhecido que a Transformada de Fourier (FT) é usada para analisar os componentes de frequência do sinal. A Transformada de Fourier de um sinal $x(t)$ é dada por

$$X(\omega) = \int_{-\infty}^{+\infty} x(t)\exp(-j\omega t)dt \qquad (4.1)$$

Da mesma forma, a Transformada Inversa de Fourier é dada por

$$x(t) = \frac{1}{2\pi} \int_{-\infty}^{+\infty} F(\omega)\exp(j\omega t)dt \qquad (4.2)$$

A desvantagem da transformada de Fourier reside no facto de não se poder prever o momento em que surge uma determinada frequência. Assim, a Transformada de Fourier de Curto Prazo (STFT) foi o passo seguinte nesta era. A STFT pode ser considerada como a divisão do sinal em partes e, em seguida, a obtenção da FT dessas partes. A STFT fornece informações tanto em tempo como em frequência, mas limita a resolução em frequência devido ao comprimento da janela. As janelas mais comuns utilizadas são a retangular, a triangular, a gaussiana, a janela de cosseno elevado, etc. Estas janelas são limitadas no tempo. Uma desvantagem da STFT é que os componentes de baixa frequência podem ficar ocultos no espetro. Ainda assim, a STFT é uma forma de ladrilhar o plano tempo-frequência. Estes mosaicos têm uma forma fixa.

Considere uma função $x(t) \in L_2(R)$ e uma janela $w(t) \in L_2(R)$. A STFT da o sinal subjacente $x(t)$ é dado por

$$X(u,\xi) = \int_{-\infty}^{+\infty} x(t)w(t-u)\exp(-j\omega\xi)dt \qquad (4.3)$$

onde,

w(t - u) representa a janela deslizante (versão traduzida da janela), 'ξ' é o parâmetro de frequência e 't' é o parâmetro de tempo.

A STFT é também o produto escalar ou o produto interno de x(t) com w(t - u) transladado por u e modulado por $\exp(-j\xi t)$. O movimento ao longo do tempo é representado por 'u' e 'ξ' representa o movimento ao longo da frequência angular. Se $x(t)$ for uma função de valor real, então o conjugado complexo w(t - u) é redundante. A informação do sinal subjacente $x(t)$ é extraída no ponto t = u e depois aplica-se a FT. A STFT inversa é dada por

$$x(t) = \frac{1}{2\pi} \int_{-\infty}^{+\infty} \int_{-\infty}^{+\infty} X(u,\xi)w(t-u)\exp(j\xi t)d\xi du \qquad (4.4)$$

As equações (4.3) e (4.4) são duais uma da outra e obedecem à dualidade no tempo e na frequência.

A Transformada de Wavelet de um sinal $x(t)$ é dada por

$$W(s,u) = \int_{-\infty}^{+\infty} x(t)\frac{1}{\sqrt{s}}\psi^* \frac{(t-u)}{s}dt \qquad (4.5)$$

O fator s é inversamente proporcional à frequência. Um s maior indica baixas frequências, expansão no tempo e compressão na frequência, enquanto um s menor indica altas frequências. 'u' não tem qualquer efeito na frequência e este parâmetro controla o momento no parâmetro tempo/translação, enquanto 's' controla o movimento na frequência de uma forma direta.

A Transformada Wavelet Inversa é dada por

$$x(t) = \frac{1}{C_\psi} \int_{0}^{\infty} \int_{-\infty}^{+\infty} W(s,u)\frac{1}{\sqrt{s}}\psi \frac{(t-u)}{s}du\frac{ds}{s^2} \qquad (4.6)$$

onde,

$$C_\psi = \int_{0}^{\infty} \frac{|\psi(\omega)|^2}{\omega}d\omega < \infty \qquad (4.7)$$

A FRFT (Huang 1998: 399-402) do sinal $x(t)$ é definida como

$$FW(t,u) = \int_{-\infty}^{-\infty} C_\alpha(t,u)x(t)dt \qquad (4.8)$$

em que, C_α é o núcleo de transformação definido como

$$
C_\alpha = \begin{cases} \sqrt{\dfrac{1-j\,co}{2\pi}}\,\exp j\,\dfrac{t^2+u^2}{2}\cot\alpha - jut\cos\alpha & ;\ \text{if } \alpha \text{ is not a multiple of } \pi \\ \delta(t-u) & ;\ \text{if } \alpha \text{ is a multiple of } 2\pi \\ \delta(t+u) & ;\ \text{if } (\alpha + \pi)\text{is a multiple of } 2\pi \end{cases} \tag{4.9}
$$

Na STFT, a modulação e a translação estendem-se por toda a linha real. Na Transformada Wavelet Contínua (CWT), a translação estende-se sobre a linha real e o parâmetro de escala apenas sobre a linha real positiva.

O WPT é uma variante do MRA. Durante a construção do MRA diádico, os subespaços foram decompostos como

$$\ldots\ldots\ldots V_{-2} \subset V_{-1} \subset V_0 \subset V_1 \subset V_2 \tag{4.10}$$

No WT (Fig. 4.1), descascámos ou decompusemos o subespaço de aproximação da seguinte forma,

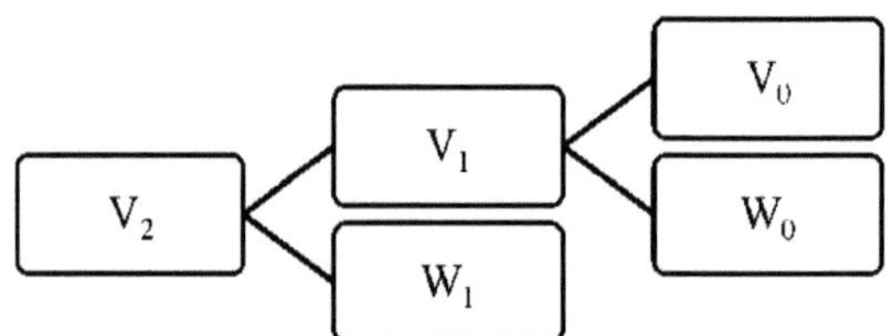

Figura 4.1. Decomposição Wavelet

O subespaço detalhado ou incremental não é decomposto. No WPT (Fig. 4.2.), o subespaço incremental é decomposto como o subespaço de aproximação.

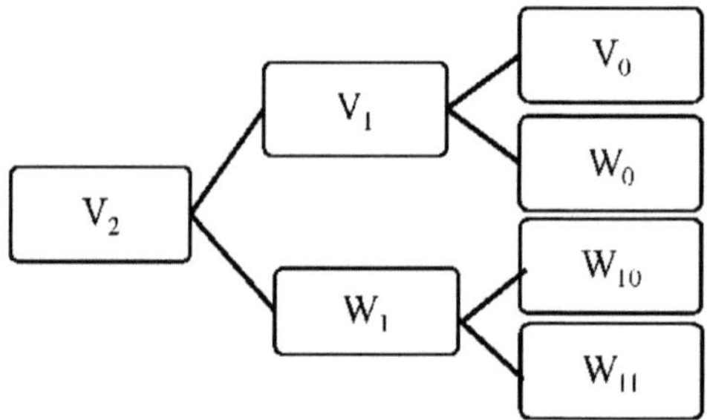

Figura 4.2. Decomposição WPT

A WPT é uma unificação da STFT e da CWT e é dada por

$$
W_\alpha = \frac{1}{\sqrt{2\pi\alpha}} \int_{-\infty}^{\infty} \exp(-j u t)\,\psi\!\left(\frac{t-\beta}{\alpha}\right) x(t)\,dt \tag{4.11}
$$

A WPT também pode ser definida como a FT de um sinal janelado por uma wavelet, dilatado por α e transladado por β.

A FRWPT é uma função do tempo, da frequência e da escala. É uma combinação de FRFT e WPT.

A FRWPT para um sinal *x(t)* é dada por

$$F_\alpha(u,a,b) = \frac{1}{\sqrt{a}} \int_{-\infty}^{+\infty} C_\alpha \psi\left(\frac{t-b}{a}\right) x(t)dt \qquad (4.12)$$

O cálculo do FRWPT (Bhatnagar 2012: 386-397) corresponde às seguintes etapas i.   A produto por uma wavelet

ii.   Um produto por um Chirp

iii.   Uma transformada   de Fourier

iv.   Outro produto da   aChirp

v. Um produto por um fator de amplitude complexo

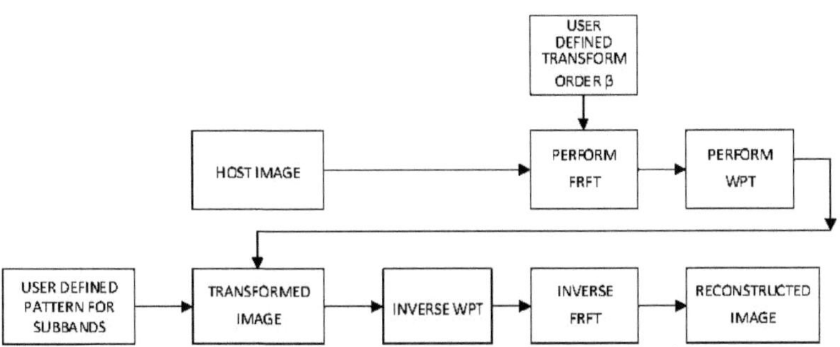

Figura 4.3. FRWPT eficiente de computação simplificada

O algoritmo simplificado de computação eficiente (Fig. 4.3.) para FRWPT é definido da seguinte forma

1. A ordem de transformação de β é utilizada para a FRWPT. Se o FRWPT for aplicado ao sinal original e o sinal transformado for remodelado a partir do FRWPT inverso, então a ordem de transformação β é o valor que resulta num erro quadrático médio mínimo entre o sinal original e o sinal remodelado. Este processo pode, por vezes, ser longo e incómodo devido à sua abordagem de tentativa e erro, mas é racionado para apenas uma vez por sinal. Assim, β é escolhido aleatoriamente e obtido por método de tentativa e erro.

2. O FRWPT é uma combinação do FRPT e do WPT, pelo que é uma função do tempo, da frequência e da escala. O processo pode ser dividido em duas fases.

   - FASE DECOMPOSIÇÃO: A FRFT é efectuada no sinal de entrada, com a transformada de ordem β, seguida da transformada Wave Packet.

   - FASE DE RECONSTRUÇÃO: O WPT inverso e a FRFT inversa são efectuados no sinal transformado com a ordem de transformação β.

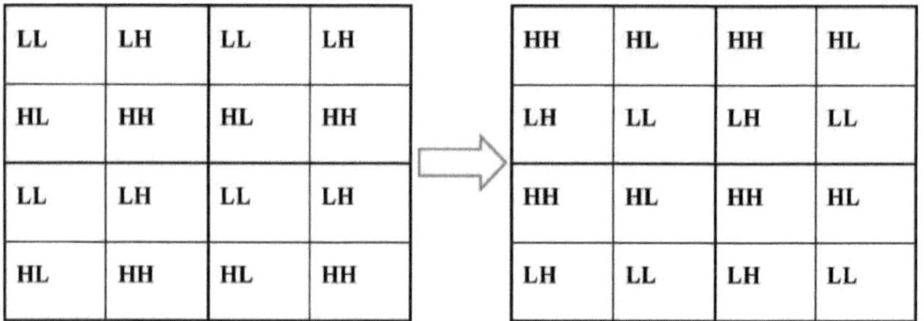

Figura 4.4. Troca de sub-banda (de acordo com a regra secreta definida pelo utilizador)

4.3. A Transformada de Arnold

A codificação de imagens digitais (transformação de Arnold) converte a imagem noutra imagem sem significado. Isto proporciona segurança para a ocultação de informações sem palavras-passe. A imagem pode ser pré-processada utilizando a transformada de Arnold, também conhecida como "cat mapping", proposta por V.I.Arnold.

Considere uma imagem de tamanho $N \times N$. De acordo com a Transformada de Arnolds, mapeie o elemento (x,_y) da imagem de entrada para o elemento ((x+ y) mod N, (x+ 2y) mod N) da matriz de saída. É uma concatenação de uma transformação de cisalhamento vertical e horizontal. A transformação de Arnold possui as propriedades de simplicidade e periodicidade. Devido à propriedade de periodicidade, a imagem original pode ser facilmente recuperada após n-permutações, ou seja, após vários ciclos. A periodicidade do algoritmo depende do tamanho da imagem. O restauro da imagem original requer muito tempo se N for grande. Outro método de recuperação de Arnold scrambling é através da transformação inversa de matriz em inversa.

A notação matricial para a transformada de Arnold pode ser definida como,

$$\begin{bmatrix} x' \\ y' \end{bmatrix} = \begin{bmatrix} 1 & 1 \\ 1 & 2 \end{bmatrix} \begin{bmatrix} x \\ y \end{bmatrix} \mathrm{mod}(N) \tag{4.13}$$

onde,

x, y são as coordenadas da imagem e $x, y \in \{0,1,2, \ldots LN \ldots - 1\}$, e

x,y são as coordenadas após a codificação.

A Transformada Inversa correspondente é definida como

$$\begin{bmatrix} x \\ y \end{bmatrix} = \left(\begin{bmatrix} 2 & -1 \\ -1 & 1 \end{bmatrix} \begin{bmatrix} x' \\ y' \end{bmatrix} + \begin{bmatrix} N \\ N \end{bmatrix} \right) \mathrm{mod}(N) \tag{4.14}$$

$$x', y' \in \{0,1,2, \ldots L \ldots N - 1\}$$

em que ,

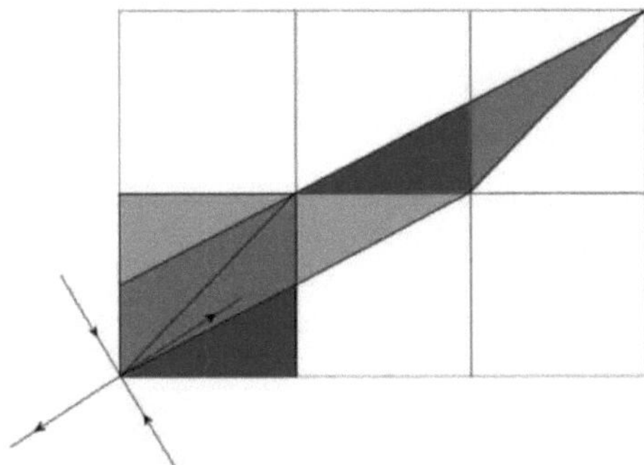

Figura 4.5. Arnold Scrambling

Para um tamanho MXN, (Li 2013: 1309-1316) propôs um algoritmo melhorado de Arnold Scrambling para a codificação numa única região. Através da ideia de partes da região de codificação, as coordenadas do pixel superior esquerdo (x1, y1) são seleccionadas e definidas como (1,1).

A equação 4.13 é modificada como

$$\begin{bmatrix} x' \\ y' \end{bmatrix} = \begin{bmatrix} 1 & 1 \\ 1 & 2 \end{bmatrix} \begin{bmatrix} x1-1 \\ y1-1 \end{bmatrix} \mathrm{mod}(N) \tag{4.15}$$

onde,

(x1, y1) é escolhido arbitrariamente para representar um quadrado no canto superior esquerdo da imagem, e

N é a ordem da matriz da imagem digital.

A equação 4.15 descreve um método de codificação multi-área e pode ser utilizada tanto para imagens quadradas como não quadradas. Este método proporciona mais segurança, uma vez que a decifração é difícil. No entanto, o processo é fastidioso.

4.4. Trabalho proposto

A técnica proposta é um processo de duas fases. Na primeira fase, a marca de água é incorporada na imagem de referência obtida por FRWPT e troca de sub-banda. O padrão definido pelo utilizador para a troca de sub-bandas é o mostrado na Fig.4.4. Durante a segunda fase, a marca de água é extraída. O processo de extração não envolve a imagem anfitriã, pelo que é vantajoso para a verificação da integridade das imagens médicas. As etapas envolvidas no processo são descritas a seguir.

Fase de incorporação

Durante esta fase, a marca de água é incorporada na imagem do anfitrião/referência. O processo de incorporação da marca de água proposto pode ser executado da seguinte forma:

i. A imagem anfitriã *(N X N)* é codificada aplicando a transformada de Arnold. A imagem redimensionada (256 x 256) é considerada.

ii. Aplicar a transformada fraccionada de pacotes de ondas de nível 1 (2 níveis) à imagem baralhada. A ordem de transformação β é escolhida. Esta é obtida pelo método de tentativa e erro. O intervalo de β escolhido é de 0,5-4,0. É observado o desempenho do esquema de marca de água para vários valores de β.

iii. A posição das sub-bandas é alterada. O processo está representado na Figura 4.4.

iv. A Transformada Wavelet Fraccionada Inversa de nível 1 (2 níveis) é executada na imagem de sub-banda trocada. A saída desta fase é a imagem de referência para incorporar a marca de água.

v. Uma imagem binária de dimensão *(W X W)* é utilizada como marca de água. A marca de água é incorporada em cada sub-banda (sub-bloco). Para uma imagem transformada FRWPT de 2 níveis, a marca de água é incorporada 16 vezes. A imagem resultante é a imagem com marca de água de referência.

vi. Na imagem com marca de água de referência, efectuamos FRWPT de nível 1.

vii. Mais uma vez, a posição das sub-bandas é alterada na ordem inversa para representar uma padrão semelhante ao da imagem original.

viii. Ao aplicar a transformada de pacote de ondas fraccionada inversa de nível 1, obtém-se a imagem com marca de água.

Fase de extração

A fase seguinte importante no ciclo de vida da marca de água é a fase de extração. Nesta fase, a marca de água é extraída da imagem com marca de água. O processo de extração da marca de água pode ser descrito da seguinte forma:

i. No início, a transformada de Arnold é aplicada à imagem com marca de água.

ii. Em seguida, aplicamos a transformada de pacote de onda fraccionada de nível 1 à imagem com marca de água.

iii. De seguida, alterar as posições de todas as sub-bandas de acordo com a regra secreta utilizada.

iv. Executar a transformada de wavelet fraccionada inversa de nível 1 para obter a imagem de referência com marca de água.

v. O esquema de marca de água proposto é um esquema não cego. A imagem do anfitrião é avaliada para extrair a marca de água. Compara-se a imagem de referência com a imagem do hospedeiro. A diferença entre os coeficientes da imagem anfitriã e os da imagem de referência constitui os coeficientes da marca de água. Extrai-se estes coeficientes para obter a marca de água.

vi. Para obter a imagem do anfitrião a partir do passo 5 acima, efectuamos uma transformada de pacote de ondas fraccionada de nível 1 na imagem com marca de água.

vii. As posições de todas as sub-bandas são trocadas de acordo com a regra secreta.

viii. Executamos a transformada de onda fraccionada inversa de nível 1 na imagem de referência para obter a imagem do hospedeiro.

4.5. Resultados experimentais

Nesta secção, o quadro proposto é avaliado em termos de PSNR e de coeficiente de correlação. As tabelas 4.1, 4.2 e 4.3 apresentam as avaliações comparativas dos ataques às imagens com marca de água em termos de PSNR e coeficiente de correlação. Para uma comparação justa, testámos o esquema de marca de água proposto contra os ataques discutidos no Capítulo 2 com bancos de ensaio escolhidos aleatoriamente. Imagens médicas padrão - ultrassom, tomografia computadorizada, ressonância magnética e "mamografias - banco de dados MIAS" de tamanho 256 X 256 são consideradas imagens de teste para analisar o desempenho do esquema proposto de marca d'água em imagens médicas. A imagem binária "logo-BMW", de tamanho 64X64, é utilizada como marca de água.

É efectuada uma série de experiências para testar a robustez do esquema proposto. Em primeiro lugar, investiga-se o efeito do ruído de sal e pimenta, da filtragem mediana, da filtragem gaussiana e da filtragem de Weiner no esquema de marca de água proposto. Esta técnica oferece uma enorme resistência à filtragem gaussiana e à filtragem de Weiner e uma resistência considerável a diferentes densidades de ruído de sal e pimenta. Observa-se que a qualidade da marca de água extraída é melhor contra a filtragem gaussiana e a filtragem de Weiner para mamografias do que para as imagens médicas normais. No entanto, o esquema proposto continua a ser resistente a ataques de processamento de sinal.

Em segundo lugar, a técnica proposta é testada contra ataques de compressão JPEG com diferentes factores de qualidade. O método proposto é altamente robusto contra JPEG com diferentes factores de qualidade (QF) até 10. No entanto, existe um compromisso na qualidade da marca de água extraída para imagens médicas normais do que para as extraídas de mamografias.

Em terceiro lugar, é investigada a robustez do esquema proposto contra vários ataques geométricos: corte (200x200 pixels), rotação (5^0 no sentido dos ponteiros do relógio), redimensionamento (1x vezes) e ataques de nitidez. Os resultados são apresentados na Fig. 4.7. - Fig. 4.13.

Observa-se que, embora o esquema proposto seja robusto para imagens médicas normais e mamografias, a qualidade da marca de água extraída após ataques a mamografias é melhor do que a das imagens médicas normais. Por conseguinte, o esquema proposto é mais adequado para mamografias.

TABELA 4.1. TESTE DE ROBUSTEZ CONTRA VÁRIOS ATAQUES (IMAGENS MÉDICAS PADRÃO) MARCA DE ÁGUA UTILIZADA: LOGÓTIPO

Ataque	ULTRASOUND-Fígado		TAC cerebral		Ressonância magnética - Coluna vertebral	
	PSNR	Correlação Coeficiente	PSNR	Correlação Coeficiente	PSNR	Correlação Coeficiente
Sem ataque	50.785	0.999	51.658	0.994	51.950	0.991
Weiner	37.833	0.278	35.962	0.185	37.649	0.224

Filtragem mediana	23.552	-0.060	17.846	-0.013	23.027	-0.028
Filtro Gaussiano	42.403	0.659	38.818	0.405	40.085	0.424
Ruído de sal e pimenta	26.792	0.149	27.139	0.120	27.076	0.124
Compressão	37.003	0.282	36.287	0.198	35.841	0.125
Rotação	19.485	-0.010	16.926	-0.036	17.494	-0.025
Redimensionamento	47.358	0.898	44.211	0.677	43.588	0.599
Afiação	24.839	0.256	24.109	0.176	23.324	0.177
Cultivo	7.177	0.047	7.244	0.043	7.362	0.045

TABELA 4.2. TESTE DE ROBUSTEZ CONTRA VÁRIOS ATAQUES (MAMOGRAFIAS)
MARCA DE ÁGUA UTILIZADA: LOGÓTIPO

Ataque (β=1)	mdbOOl		mdb!79		mdb244	
	PSNR	Correlação Coeficiente	PSNR	Correlação Coeficiente	PSNR	Correlação Coeficiente
Sem ataque	51.9226	0.9916	52.4891	0.9931	51.6899	0.9941
Weiner	47.4623	0.5650	50.3054	0.6651	45.5288	0.4999
Filtragem mediana	34.8623	0.0056	34.1960	0.0443	32.5433	0.0150
Filtro Gaussiano	47.9443	0.8113	47.175	0.6725	43.9314	0.7050
Ruído de sal e pimenta	26.7163	0.1215	26.4372	0.0873	26.5418	0.1226
Compressão	43.4441	0.2195	45.6147	0.2152	42.5590	0.2707
Rotação	21.8898	-0.0158	19.2653	0.0215	18.7213	0.0141
Redimensionamento	49.4074	0.8831	47.2126	0.8065	46.0393	0.8324
Afiação	32.2288	0.4694	33.7539	0.5117	31.4061	0.4510
Cultivo	3.84305	0.0953	3.4662	0.0584	4.5176	0.1043

Ataque (mdbOOl)	β=0.5		β=1.5		β=2.0		β=2.5	
	PSNR	Coeficiente de correlação	PSNR	Coeficiente de correlação	PSNR	Coeficiente de correlação	PSNR	Coeficiente de correlação
Sem ataque	57.6742	0.9586	48.7639	0.9951	46.4094	0.9946	44.5710	0.9970
Weiner	47.9247	0.2171	46.9645	0.6886	46.3327	0.7492	45.7129	0.7842
Filtragem mediana	34.9318	0.0002	34.7781	0.0037	34.6527	0.0366	34.5133	0.05360
Filtro Gaussiano	48.0211	0.4770	47.8309	0.9038	47.6739	0.9463	47.4890	0.9632
Ruído de sal e pimenta	26.2601	0.0704	24.4059	0.1352	26.3242	0.1933	25.9943	0.2644
Compressão	43.7967	0.1001	43.0275	0.3107	42.5067	0.4475	42.0062	0.5454
Rotação	21.8911	-0.0137	21.8871	-0.0264	21.8810	-0.0165	21.8738	-0.0162
Redimensionamento	49.458	0.5626	49.2708	0.9406	48.9864	0.9642	48.7016	0.9735
Afiação	32.3031	0.2374	32.1365	0.6153	32.0112	0.7222	31.8713	0.7826
Cultivo	3.8383	0.0932	3.8466	0.0956	3.8505	0.0972	3.8541	0.0981

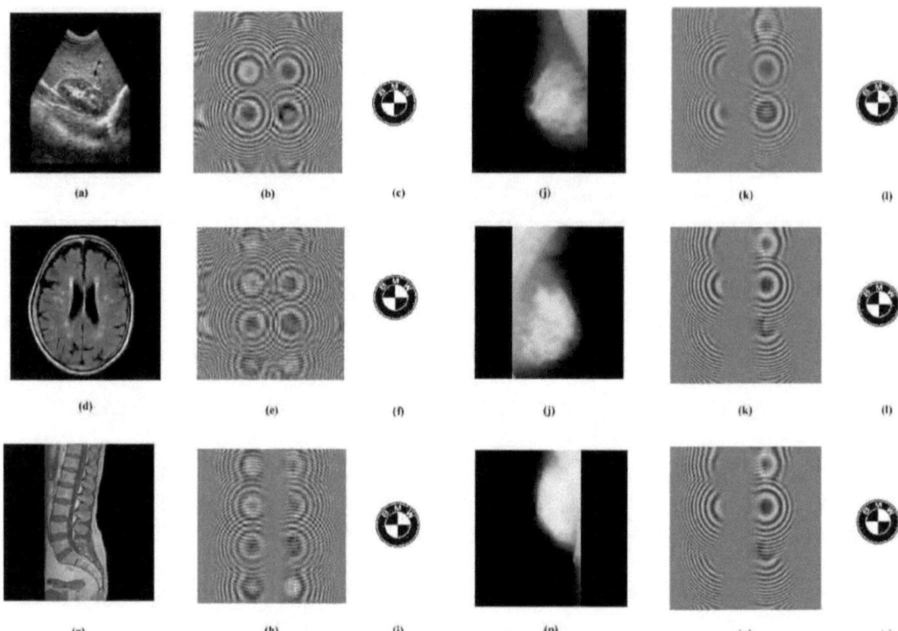

Figura 4.6. Imagens do anfitrião e a respectiva marca de água extraída (sem ataque)
Imagem médica - (a) Ultrassom do fígado (b) Imagem de referência com marca de água (c) Marca de água extraída (d) TAC do cérebro (e) Imagem de referência com marca de água (f) Marca de água extraída (g) Ressonância magnética da coluna vertebral (h) Imagem de referência com marca de água (i) Marca de água extraída;
Mamogramas - (j) mdb001 (k) Imagem de referência com marca de água (l) Marca de água extraída (m) mdb244 (n) Imagem de referência com marca de água (o) Marca de água extraída (p) mdb179 (q) Imagem de referência com marca de água (r) Marca de água extraída

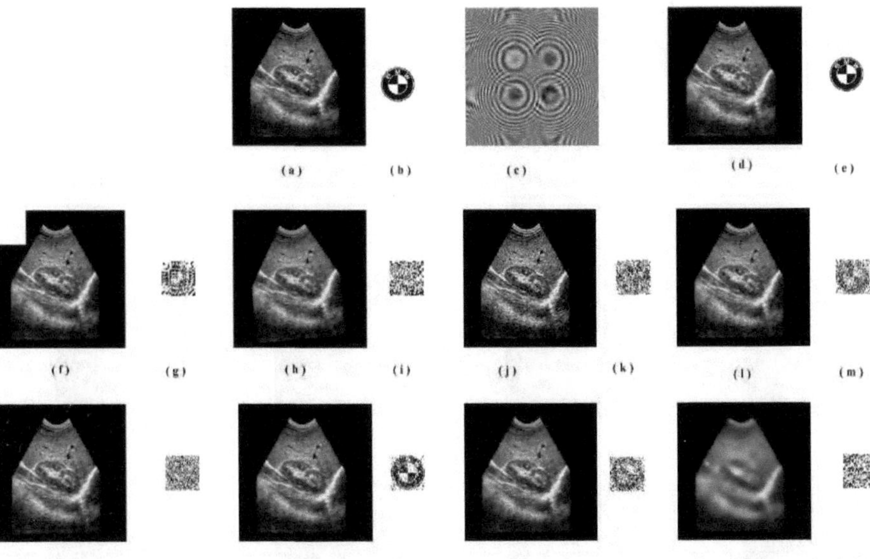

Figura 4.7. Resultados da marca de água sob ataques- Fígado (ultra-sons) (a) Imagem do hospedeiro (b) Marca de água original (c) Imagem de referência com marca de água (d) Imagem com marca de água (e) Marca de água extraída (f) Recorte (g) Marca de água extraída (h) Rotação (i) Marca de água extraída (j) Nitidez (k) Marca de água extraída l) Compressão m) Marca de água extraída n) Ruído de sal e pimenta o) Marca de água extraída p) Filtro Gaussiano q) Marca de água extraída r) Filtro Weiner s) Marca de água extraída t) Filtro mediano u) Marca de água extraída

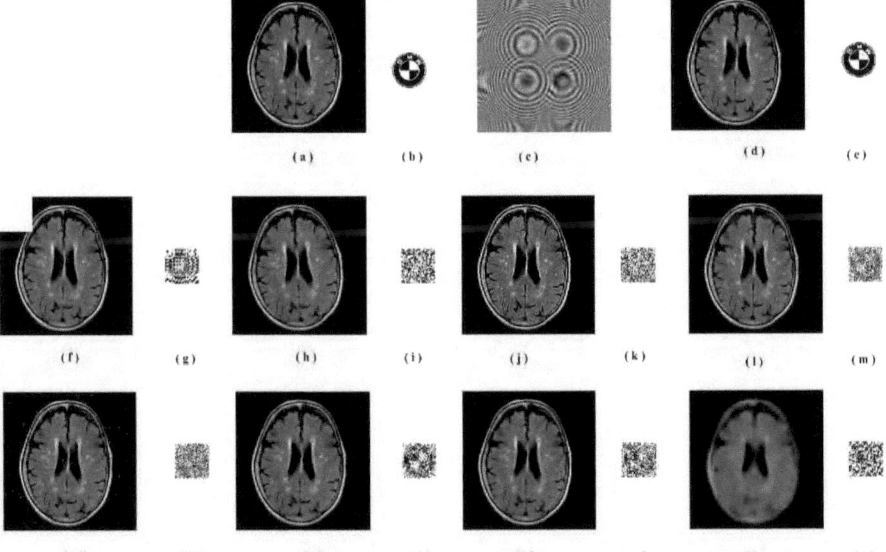

Figura 4.8. Resultados da marca de água sob ataques - Cérebro (TAC) (a) Imagem do anfitrião (b) Marca de água original (c) Imagem de referência com marca de água (d) Imagem com marca de água (e) Marca de água extraída (f) Recorte (g) Marca de água extraída (h) Rotação (i) Marca de água extraída

(j) Nitidez (k) Marca de água extraída (l) Compressão (m) Marca de água extraída (n) Ruído de sal e pimenta (o) Marca de água extraída (p) Filtro gaussiano (q) Marca de água extraída (r) Filtro Weiner (s) Marca de água extraída (t) Filtro mediano (u) Marca de água extraída

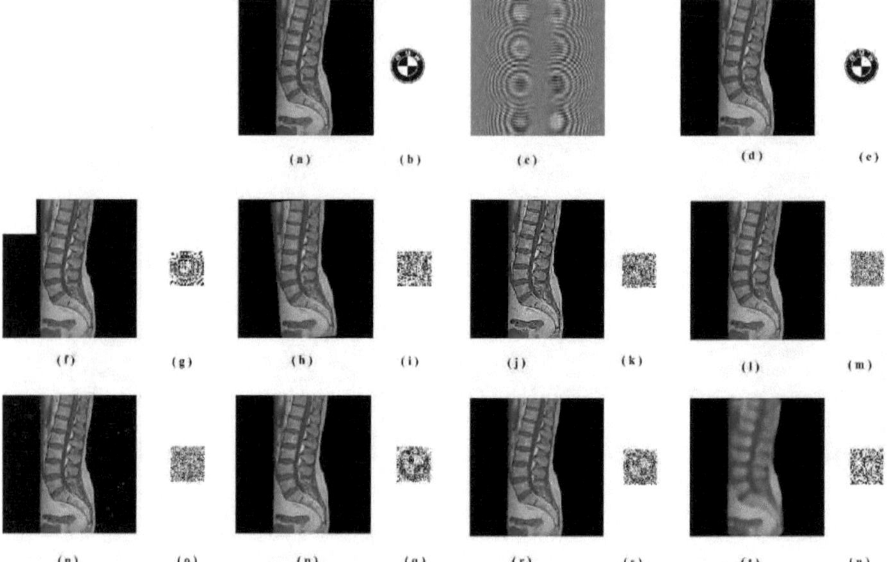

Figura 4.9. Resultados da marca de água sob ataques - Coluna vertebral (MRI) (a) Imagem do anfitrião (b) Marca de água original (c) Imagem de referência com marca de água (d) Imagem com marca de água (e) Marca de água extraída (f) Recorte (g) Marca de água extraída (h) Rotação (i) Marca de água extraída

(j) Nitidez (k) Marca de água extraída (l) Compressão (m) Marca de água extraída (n) Ruído de sal e pimenta (o) Marca de água extraída (p) Filtro gaussiano (q) Marca de água extraída (r) Filtro Weiner (s) Marca de água extraída (t) Filtro mediano (u) Marca de água extraída

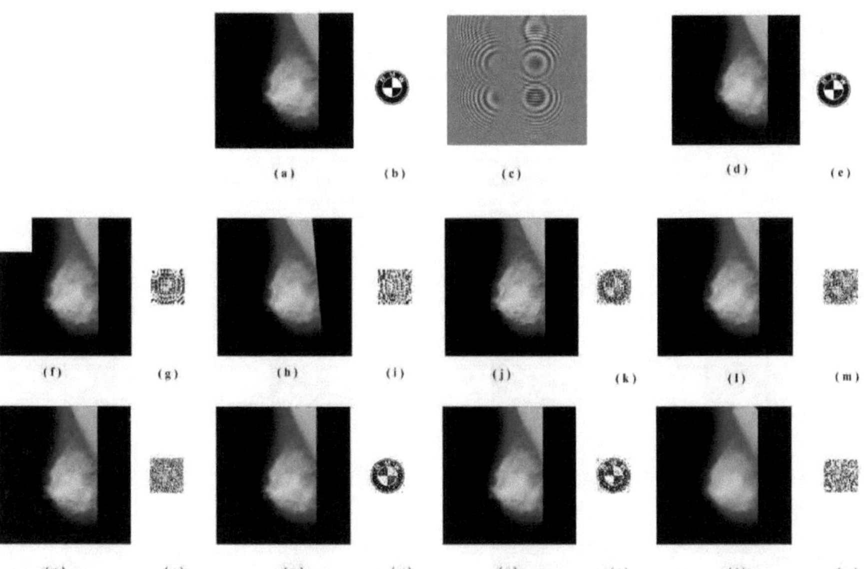

Figura 4.10. Resultados da marca de água sob ataques - mdb001 (a) Imagem do anfitrião (b) Marca de água original (c) Imagem de referência com marca de água (d) Imagem com marca de água (e) Marca de água extraída (f) Recorte (g) Marca de água extraída (h) Rotação (i) Marca de água extraída (j) Nitidez (k) Marca de água extraída (l) Compressão (m) Marca de água extraída (n) Ruído de sal e pimenta (o) Marca de água extraída (p) Filtro gaussiano (q) Marca de água extraída (r) Filtro Weiner (s) Marca de água extraída (t) Filtro mediano (u) Marca de água extraída

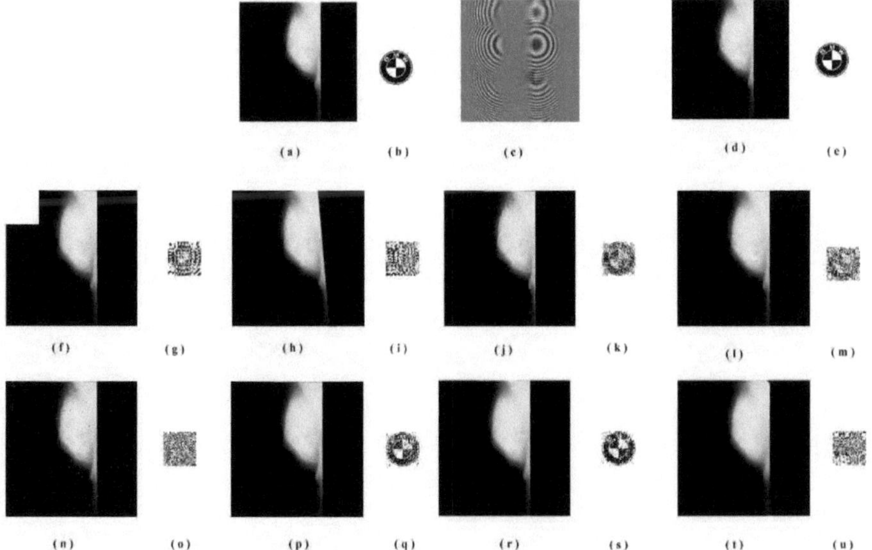

Figura 4.11. Resultados da marca de água sob ataques - mdb179 (a) Imagem do anfitrião (b) Marca de água original (c) Imagem de referência com marca de água

(d) Imagem com marca de água (e) Marca de água extraída (f) Recorte (g) Marca de água extraída (h) Rotação (i) Marca de água extraída
(j) Nitidez (k) Marca de água extraída (l) Compressão (m) Marca de água extraída (n) Ruído de sal e pimenta (o) Marca de água extraída (p) Filtro gaussiano (q) Marca de água extraída (r) Filtro Weiner (s) Marca de água extraída (t) Filtro mediano (u) Marca de água extraída

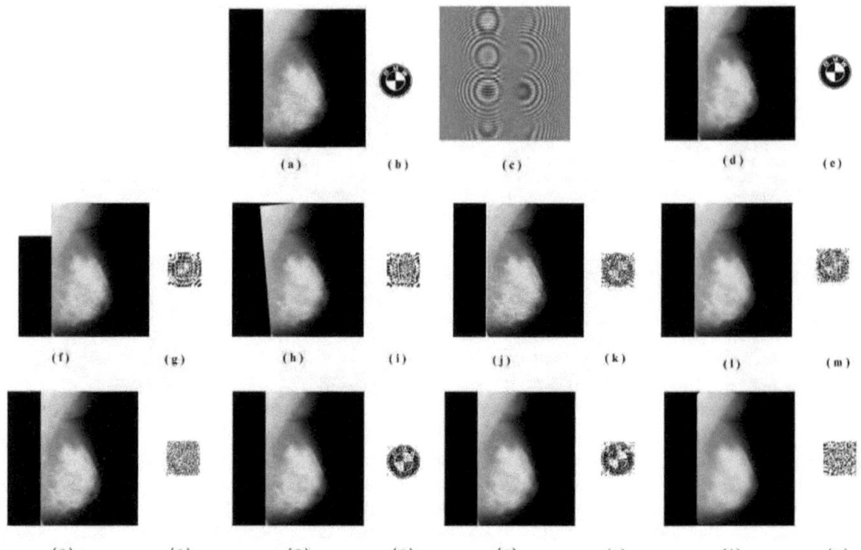

Figura 4.12. Resultados da marca de água sob ataques - mdb244 (a) Imagem do anfitrião (b) Marca de água original (c) Imagem de referência com marca de água
(d) Imagem com marca de água (e) Marca de água extraída (f) Recorte (g) Marca de água extraída (h) Rotação (i) Marca de água extraída
(j) Nitidez (k) Marca de água extraída (l) Compressão (m) Marca de água extraída (n) Ruído de sal e pimenta (o) Marca de água extraída (p) Filtro gaussiano (q) Marca de água extraída (r) Filtro Weiner (s) Marca de água extraída (t) Filtro mediano (u) Marca de água extraída

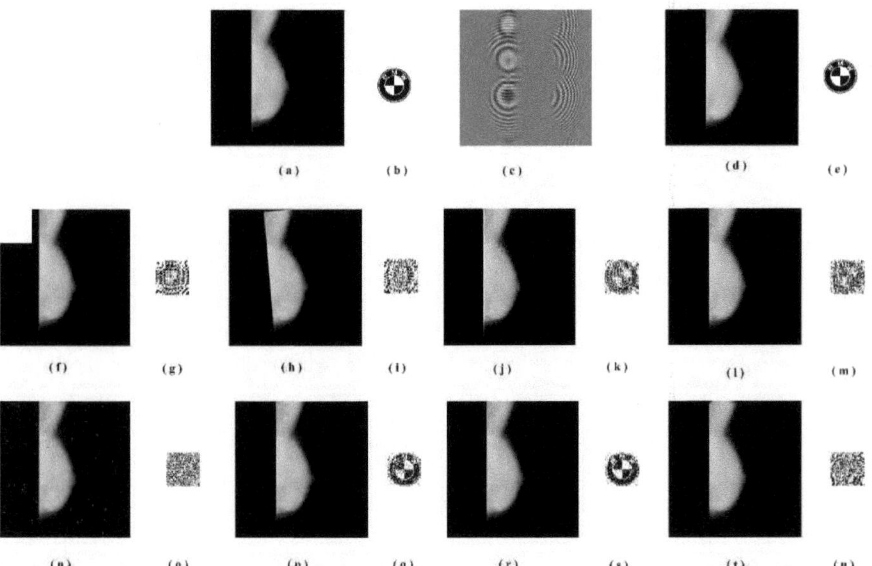

**Figura 4.13. Resultados da marca de água sob ataques - mdb054 (a) Imagem do anfitrião (b) Marca de água original (c) Imagem de referência com marca de água
(d) Imagem com marca de água (e) Marca de água extraída (f) Recorte (g) Marca de água extraída (h) Rotação (i) Marca de água extraída
(j) Nitidez (k) Marca de água extraída (l) Compressão (m) Marca de água extraída (n) Ruído de sal e pimenta (o) Marca de água extraída (p) Filtro gaussiano (q) Marca de água extraída (r) Filtro Weiner (s) Marca de água extraída (t) Filtro mediano (u) Marca de água extraída**

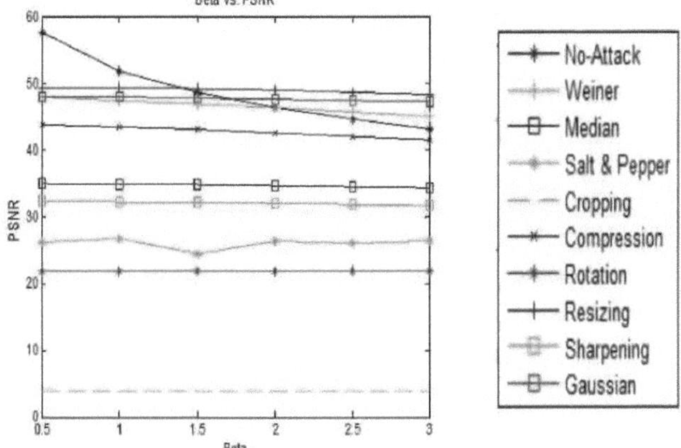

Figura 4.14. β versus PSNR

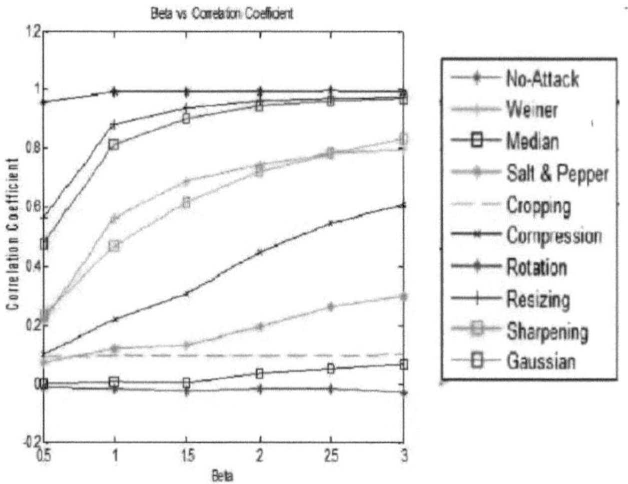

Figura 4.15. β Versus Coeficiente de Correlação

4.6. Conclusão

Neste trabalho, é desenvolvido um esquema de marca de água robusto, impercetível e não cego. O esquema proposto é resistente a vários ataques comuns. A Fig. 4.6. apresenta uma breve comparação do esquema proposto para imagens médicas normais e mamografias. O estudo pormenorizado do desempenho do sistema proposto é apresentado nas figuras 4.7 a 4.13. Observa-se, a partir da teoria, que a marca de água é distribuída em todos os coeficientes da imagem do hospedeiro, tal como referido nas secções anteriores. A partir dos resultados, observa-se que o esquema de marca de água proposto é variante da imagem para várias modalidades de imagens médicas. No entanto, o esquema proposto mantém uma relação linear para a maioria das imagens de mamografia utilizadas. Por conseguinte, este método é eficiente para a marcação de água em mamografias.

A Fig. 4.14. e a Fig. 4.15. mostram a variação do PSNR e do coeficiente de correlação para diferentes valores do parâmetro de segurança β, considerando a imagem de teste como mdb001. Os valores de PSNR são quase constantes para variar β, mas o coeficiente de correlação varia linearmente com β.

Além disso, verifica-se que o coeficiente de correlação da marca de água de referência e da marca de água extraída não é semelhante durante a maioria dos ataques, embora o esquema seja considerado robusto. Este esquema tem de ser melhorado para obter um melhor coeficiente de correlação, mantendo a robustez, a fim de garantir questões de segurança relacionadas com imagens médicas. O zoom de uma imagem médica é bastante natural para um médico. O trabalho seguinte introduz um ataque definido pelo utilizador no esquema proposto e analisa o desempenho do esquema proposto em relação ao esquema atual.

Capítulo 5: Marcação de água por transformada de pacote de onda fraccionada baseada em spline

5.1. Introdução

As aplicações de telemedicina requerem a transmissão de imagens médicas através de meios electrónicos para melhorar os cuidados de saúde. Estas transmissões suscitaram a necessidade de abordar questões de segurança durante o processo de transmissão. A marca de água tem sido uma solução para este problema, envolvendo um conjunto de princípios de segurança.

As técnicas de marca de água para imagens médicas devem ser fiáveis, autênticas e garantir o sigilo das comunicações. Estas técnicas devem ser escolhidas de forma crucial, respeitando as leis médicas rigorosas regidas pelo legislador. Além disso, as técnicas de marca de água robustas devem ser capazes de proteger as imagens médicas de vários ataques. Os atributos de uma imagem médica variam consoante as imagens convencionais e as várias modalidades de imagem médica. Observa-se que os esquemas de marca de água no domínio espacial são menos robustos do que os esquemas no domínio da transformação.

As técnicas de marca de água são avaliadas com base em vários parâmetros de avaliação, tal como referido no Capítulo 1. O BER entre a imagem com marca de água incorporada e a imagem extraída é um parâmetro para avaliar a robustez dos esquemas no domínio espacial. Outros parâmetros comuns aos esquemas de marca de água no domínio espacial e no domínio da frequência são o PSNR, o coeficiente de correlação obtido a partir da marca de água original e da extraída e o SSIM da imagem original do hospedeiro e da imagem com marca de água.

Existem na literatura várias transformações, tanto no domínio do tempo como da frequência. Há também um grande interesse na incorporação de transformações para sistemas robustos de marcação de imagens, a fim de tornar as marcas incorporadas mais resistentes a ataques. Os algoritmos de marcação de água baseados nas transformadas DCT, DFT e wavelet estão a ser amplamente desenvolvidos para aplicações multimédia. A técnica LSB proposta por (Johnson e Katzenbeisser 2000), a técnica CDMA proposta por (Langelaar 2000: 20-46) para aumentar a capacidade, aumentando assim a resistência ao corte, são exemplos de técnicas no domínio do tempo. As técnicas de marca de água baseadas em transformações inteiras dos pixéis foram propostas por (Tian 2003:890-896), (Weng 2007: 241-244) e (Kim 2008: 456-465). Algoritmos que comprimiam os planos de bits da imagem foram propostos por (Celik 2005: 253-266) e eram reversíveis. Também existem algoritmos de marca de água no domínio da transformação para multimédia. Um exemplo clássico de algoritmo de marca de água baseado na frequência é a técnica de marca de água baseada na DCT proposta por (Yang 2004: 405-415). A marca de água foi incorporada nas bandas de frequência média para minimizar o efeito das operações de processamento de imagem nas partes visualmente mais importantes da imagem. (Wang 2004:154-165) e (Zhang 2003:474-491) propuseram algoritmos baseados na decomposição da árvore wavelet. A técnica baseada no domínio de Fourier foi proposta por (Cox 1997: 1673-1687), a técnica baseada em wavelets por (Barni 2001: 783-791), (Meerwald 2009: 1037-1041) e uma breve análise dos esquemas baseados em wavelets foi efectuada por (Meerwald 2009: 1037-1041). Os esquemas de marca de água que utilizam a transformada de pacotes wavelet foram propostos por (Bhatnagar 2009: 449-477) para aplicações multimédia.

Os algoritmos de marca de água desenvolvidos para imagens médicas tiveram de atender a diferentes atributos da imagem médica. Estes atributos são identificados no Capítulo 2 e, no Capítulo 3, é efectuado um estudo pormenorizado destes atributos, a fim de identificar as diferenças entre a imagem convencional e a imagem médica. Considerando estes atributos e as questões de segurança relacionadas com as imagens médicas, o esquema de marca de água FRWPT é proposto no Capítulo 3. Mas, durante a pesquisa bibliográfica, observou-se que as técnicas de marca de água não têm um ataque inerente à imagem hospedeira antes da marca de água. Este capítulo aborda a marca de água em imagens médicas com, pelo menos, um ataque inerente.

Neste capítulo, a interpolação spline é utilizada para desenvolver um esquema de marca de água robusto. Durante o diagnóstico de uma doença, o médico/analista tende normalmente a ampliar a imagem. A interpolação spline é aqui utilizada para ampliar a imagem médica de modo a evitar a perda de dados cruciais. Por outras palavras, é introduzido um ataque geométrico forçado na imagem do hospedeiro e é efectuada a análise do desempenho do esquema proposto.

O esquema de marca de água proposto divide-se em duas fases:

    i.   Fase de incorporação

    ii.   Fase de extração.

O esquema proposto é discutido em pormenor e os resultados experimentais são apresentados nas secções seguintes.

5.2. Interpolação Spline

A interpolação spline [10] é uma das técnicas que podem ser utilizadas em operações de processamento de imagem. Matematicamente, uma sequência 1D interpolada por spline é representada por

$$x(t) = \sum_{k=-\infty}^{+\infty} b_k . s_k \qquad (5.1)$$

onde,

b_k representa os coeficientes de interpolação determinados a partir do sinal discreto de entrada $x(t)$, e

s_k representa a função de interpolação.

Em qualquer altura, (t) é definido por um número finito de membros da série definidos pela equação (5.1). Este número finito de séries depende da interpolação B-spline.

Se s: $t_0 < t_1 < \ldots\ldots\ldots\ldots t_n < t_{n+1}$ é uma partição no intervalo (t_0 , t_{n+1}) , então a função B Spline de grau n em s é uma função polinomial por partes definida por

$$B_0(t_0 < t_1 < \cdots t_n < t_{n+1}) = (n + 1)(-1)^{n+1} \sum_{k=0}^{n+1} P_k \qquad (5.2)$$

onde,

$$P_k = \frac{(t - t_k)^n \sigma(t - t_k)}{\alpha(t_k)} \quad ; \tag{5.3}$$

$$\alpha(t_k) = \prod_{j=0}^{n-1} (t_k - t_j) \quad ; \text{ and} \tag{5.4}$$

$$\sigma(t - t_k) = \begin{cases} (t - t_k)^n & ; for\ t > t_k \\ 0 & ; for\ t \le t_k \end{cases} \tag{5.5}$$

Do mesmo modo, a interpolação 1D pode ser alargada a sequências 2D. Matematicamente, uma interpolação 2D pode ser representada como

$$x(u,v) = \sum_{k=-\infty}^{\infty} \sum_{l=-\infty}^{\infty} \alpha_{kl} s_k(u) s_l(v) \tag{5.6}$$

Matematicamente, os Splines são complicados. No entanto, os Splines podem ser implementados de uma forma simples e eficiente.

Vantagens da interpolação de splines

- Erro de interpolação reduzido em relação à interpolação polinomial, mesmo com polinómios de baixo grau.

- A oscilação entre polinómios durante a interpolação de polinómios de grau superior é evitada.

Neste trabalho, a interpolação spline é efectuada na imagem anfitriã para criar uma imagem interpolada spline. O FRWPT é aplicado na imagem interpolada spline para obter a imagem de referência. A marca de água é incorporada na imagem de referência para obter a imagem com marca de água.

5.3. Trabalho proposto

O sistema proposto divide-se em duas fases. Estas fases são explicadas em pormenor nas secções seguintes.

Fase de incorporação

O processo envolvido durante a fase de incorporação da marca de água é descrito de seguida:

i. Aplicar a interpolação spline à imagem de entrada $X(x,y)$ para obter $X(x, y)$.

ii. Aplicar FRWPT(2-level) de nível 1 à imagem interpolada por spline.

iii. Alterar a posição das sub-bandas de acordo com o padrão definido pelo utilizador.

iv. A imagem de referência $R(x,y)$ é obtida por FRWPT inversa de nível 1 (2 níveis).

v. A marca de água $W(x, y)$ é incorporada na imagem de referência. Esta é a imagem de referência com marca de água modificada.

vi. A FRWPT de nível 1 é efectuada na imagem de referência com marca de água e a posição das sub-bandas é alterada.

vii. Finalmente, efectua o FRWPT inverso de nível 1 no passo 6 para obter a imagem com marca de água,

$X_w(x,y)$.

Fase de extração da marca de água

i. Da mesma forma, a fase de extração da marca de água envolve os seguintes passos: ii. Efetuar FRWPT de nível 1 (2 níveis) na imagem com marca de água $X_w(x,y)$.

iii. As posições de todas as sub-bandas são trocadas de acordo com o padrão definido pelo utilizador utilizado durante a fase de incorporação.

iv. Efetuar o FRWPT inverso de nível 1 para obter a imagem de referência com marca de água $R(x, y)$.

v. Extrair a marca de água $W(x,y)$.

Vantagens do sistema proposto

O esquema proposto é uma solução para os seguintes problemas relacionados com as imagens médicas.

- O esquema proposto é seguro. O fator β define a força de incorporação. A troca de sub-bandas por um padrão definido pelo utilizador proporciona outro nível de segurança.

- A interpolação de splines permite o controlo da integridade.

- A marca de água incorporada garante a autenticidade da imagem.

- Capaz de resistir completamente a pelo menos um ataque.

5.4. Resultados experimentais

Esta secção apresenta alguns resultados experimentais do sistema de marca de água proposto. A imagem binária "logótipo" é utilizada como marca de água. A imagem anfitriã considerada tem um tamanho de 256 x 256. As imagens médicas padrão e as mamografias utilizadas no Capítulo 3 e no Capítulo 4 são consideradas como imagens anfitriãs para efetuar um estudo comparativo dos esquemas de marca de água propostos. A imagem de referência é obtida através da transformada FRWPT de 2 níveis, tal como no Capítulo 4. O parâmetro de segurança γ define a força da marca de água e varia entre 0,5 e 2,5.

As qualidades perceptuais e de sinal da imagem hospedeira e da imagem com marca de água mostram muito pouca diferença. Os parâmetros de avaliação qualitativa PSNR, coeficiente de correlação e SSIM são adoptados para avaliar o esquema proposto. Os resultados estão tabulados na Tabela 5.1, na Tabela 5.2 e na Tabela 5.3, respetivamente, para várias modalidades de imagem e variando γ. Observa-se que este esquema tem um melhor desempenho para mamografias. Além disso, a qualidade da marca de água extraída quando a imagem com marca de água é sujeita a vários ataques é apresentada nas Fig. 5.2. a Fig. 5.7. A comparação do esquema proposto para várias modalidades de imagem é apresentada na Fig. 5.1.

Para avaliar o desempenho do esquema proposto, são realizados três conjuntos de experiências. Primeiro, a imagem com marca de água é sujeita a vários ataques de processamento de sinal. O coeficiente de correlação obtido durante a filtragem Gaussiana é quase ideal para várias modalidades de imagem. O esquema proposto também é capaz de resistir à filtragem de Weiner. No entanto, os resultados não são satisfatórios para o ruído de sal e pimenta e para o filtro mediano. No entanto, este esquema é robusto contra ataques de processamento de sinais.

Em segundo lugar, o esquema proposto é sujeito a ataques de compressão para vários factores de qualidade. Embora este esquema seja robusto a ataques de compressão, os resultados dependem de γ. Em terceiro lugar, a imagem com marca de água é sujeita a um conjunto de ataques geométricos. Uma vez que a interpolação spline é utilizada para ampliar a imagem e a marca de água é incorporada na imagem interpolada, os resultados são ideais para ataques de redimensionamento. Os resultados tabulados mostram também que o esquema proposto apresenta um melhor coeficiente de correlação para ataques de nitidez. Embora este esquema seja robusto contra ataques de rotação e de recorte, os resultados tabelados não são satisfatórios. A partir dos resultados tabulados na Tabela 2 e na Tabela 3, observa-se que o esquema proposto é variante da imagem e mais adequado para mamografias.

TABELA 5.1. TESTE DE ROBUSTEZ CONTRA VÁRIOS ATAQUES (IMAGENS MÉDICAS PADRÃO)
MARCA DE ÁGUA UTILIZADA: LOGÓTIPO

Ataque	ULTRASOUND-Fígado		TAC cerebral		Ressonância magnética - Coluna vertebral	
	PSNR	Correlação Coeficiente	PSNR	Correlação Coeficiente	PSNR	Correlação Coeficiente
Sem ataque	50.692	1.000	50.577	1.000	51.726	1.000
Weiner	46.348	0.854	44.329	0.737	45.280	0.768
Filtragem mediana	26.921	0.022	22..215	-0.048	26.802	-0.037
Filtro Gaussiano	52.497	1.000	49.393	0.995	49.187	0.988
Ruído de sal e pimenta	27.081	0.288	26.643	0.234	26.742	0.200
Compressão	42.687	0.654	42.290	0.500	42.953	0.467
Rotação	19.342	0.014	16.748	0.0425	17.346	-0.032
Redimensionamento	59.447	1.000	57.708	0.999	58.298	1.000
Afiação	33.971	0.879	32.103	0.737	31.800	0.765
Cultivo	12.059	0.390	12.113	0.333	12.033	0.334

Tabela 5.2. Teste de robustez contra vários ataques (mamografias)
Marca de água utilizada: logótipo

Ataque ($\gamma=\ddot{\imath}$)	mdbOOl		mdb!79		mdb244	
	PSNR	**Correlação Coeficiente**	**PSNR**	**Correlação Coeficiente**	**PSNR**	**Correlação Coeficiente**
Sem ataque	51.840	1.000	52.404	1.000	50.098	1.000
Weiner	52.454	0.869	53.479	0.868	51.596	0.823
Filtragem mediana	39.865	0.036	39.791	0.017	37.619	0.056
Filtro Gaussiano	56.102	1.000	52.812	0.999	50.839	0.998
Ruído de sal e pimenta	26.904	0.192	26.457	0.164	26.934	0.199
Compressão	46.423	0.476	48.570	0.383	45.530	0.493
Rotação	21.858	-0.005	19.230	0.313	18.690	-0.030
Redimensionamento	61.039	1.000	61.025	1.000	58.850	0.999
Afiar	38.768	0.975	38.188	0.929	38.273	0.946
Cultivo	8.165	0.043	8.176	0.041	9.982	0.185

Tabela 5.3. Teste de robustez contra vários ataques (fator de segurança variável)
Marca de água utilizada: logótipo

Ataque (mdbOOl)	$\gamma=0.5$		$7=1.5$		$7=2.0$		$7=2.5$	
	PSNR	Coeficiente de correlação	PSNR	Coeficiente de correlação	PSNR	Coeficiente de correlação	PSNR	Coeficiente de correlação
Sem ataque	57.011	1.000	48.707	1.000	46.350	1.000	44.507	1.000
Weiner	54.088	0.724	50.973	0.881	49.548	0.877	48.265	0.885
Filtragem mediana	40.061	-0.014	39.591	0.047	39.231	0.113	38.826	0.147
Filtro Gaussiano	56.452	0.993	55.303	1.000	54.345	1.000	53.432	0.999
Ruído de sal e pimenta	26.900	0.072	26.476	0.285	26.442	0.395	26.617	0.483
Compressão	47.149	0.228	45.543	0.612	44.618	0.726	43.760	0.770
Rotação	21.857	-0.011	21.858	-0.008	21.853	-0.003	21.847	-0.006

Redimensioname nto	62.220	0.999	58.836	1.000	56.572	1.000	54.795	1.000
Afiar	39.100	0.814	38.354	0.994	37.844	0.998	37.276	0.998
Cultivo	8.159	0.009	8.170	0.066	8.174	0.094	8.179	0.122

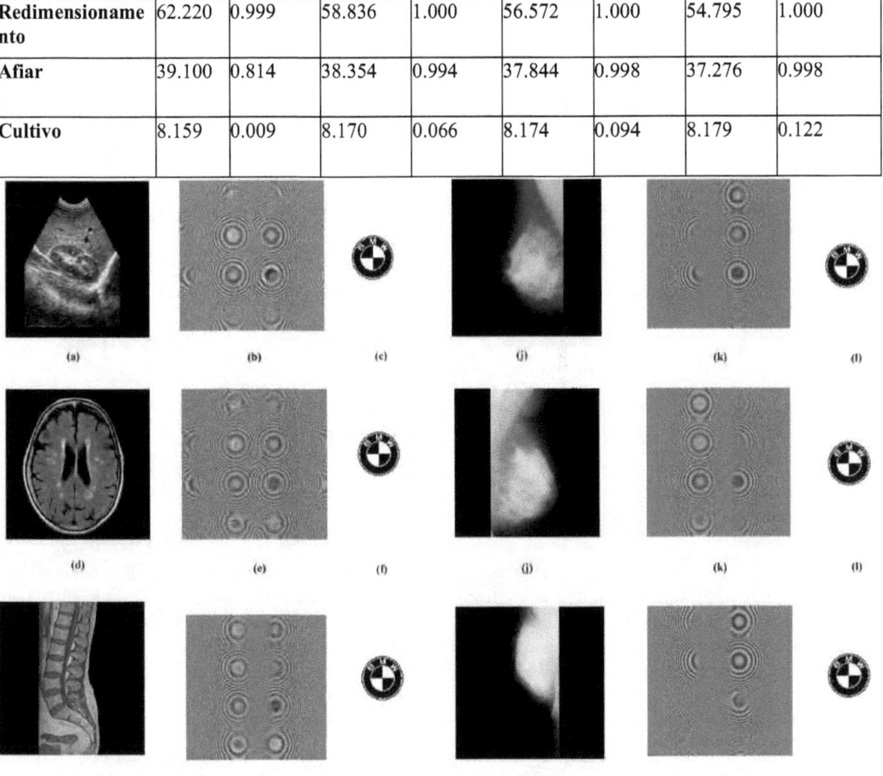

Figura 5.1. Imagens do hospedeiro e a respectiva marca de água extraída (sem ataque)
Imagem médica - (a) Ultra-sons do fígado (b) Imagem de referência com marca de água (c) Marca de água extraída (d) TAC do cérebro (e) Marca de água
Imagem de referência (f) Marca de água extraída (g) Ressonância magnética da coluna vertebral (h) Imagem de referência com marca de água (i) Marca de água extraída;
Mamogramas - (j) mdb001 (k) Imagem de referência com marca de água (l) Marca de água extraída (m) mdb244 (n) Imagem de referência com marca de água (o) Marca de água extraída (p) mdb179 (q) Imagem de referência com marca de água (r) Marca de água extraída

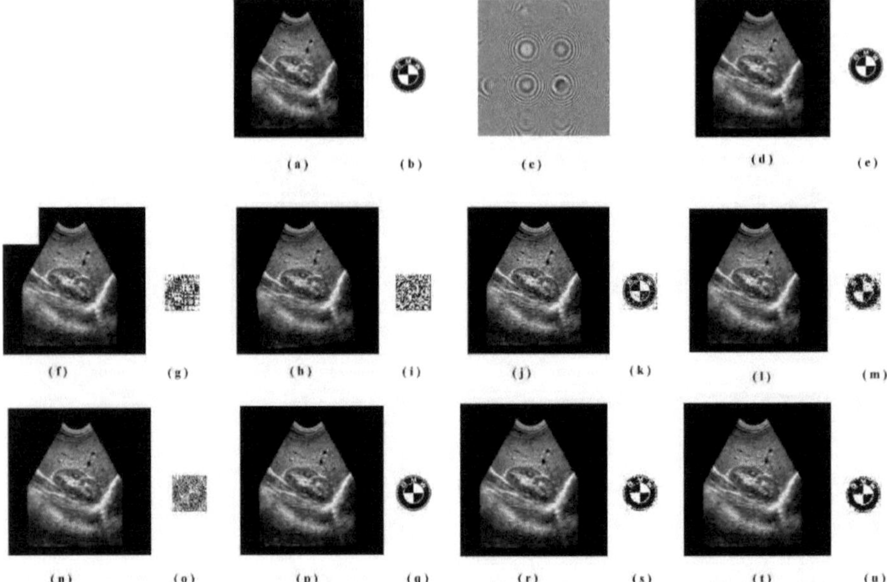

Figura 5.2. Resultados da marca de água sob ataques - Fígado (ultrassom) (a) Imagem do hospedeiro (b) Marca de água original (c) Imagem de referência com marca de água (d) Imagem com marca de água (e) Marca de água extraída (f) Recorte (g) Marca de água extraída (h) Rotação (i) Marca de água extraída (j) Nitidez (k) Marca de água extraída (l) Compressão (m) Marca de água extraída (n) Ruído de sal e pimenta (o) Marca de água extraída
(p) Filtro Gaussiano (q) Marca de água extraída (r) Filtro Weiner (s) Marca de água extraída (t) Filtro Mediano (u) Marca de água extraída

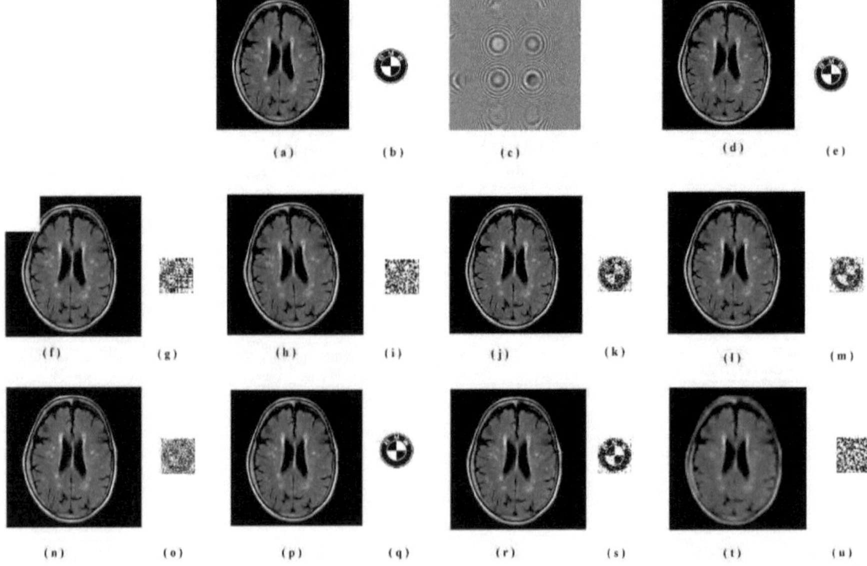

Figura 5.3. Resultados da marca de água sob ataques- Cérebro (TAC) (a) Imagem do hospedeiro (b) Marca de água original (c) Imagem de referência com marca de água (d) Imagem com marca de água

(e) Marca de água extraída (f) Recorte (g) Marca de água extraída (h) Rotação (i) Marca de água
extraída (j) Nitidez (k) Marca de água extraída marca de água extraída l) Compressão m) Marca de
água extraída n) Ruído de sal e pimenta o) Marca de água extraída p) Filtro Gaussiano q) Marca de
água extraída r) Filtro Weiner s) Marca de água extraída t) Filtro mediano u) Marca de água extraída

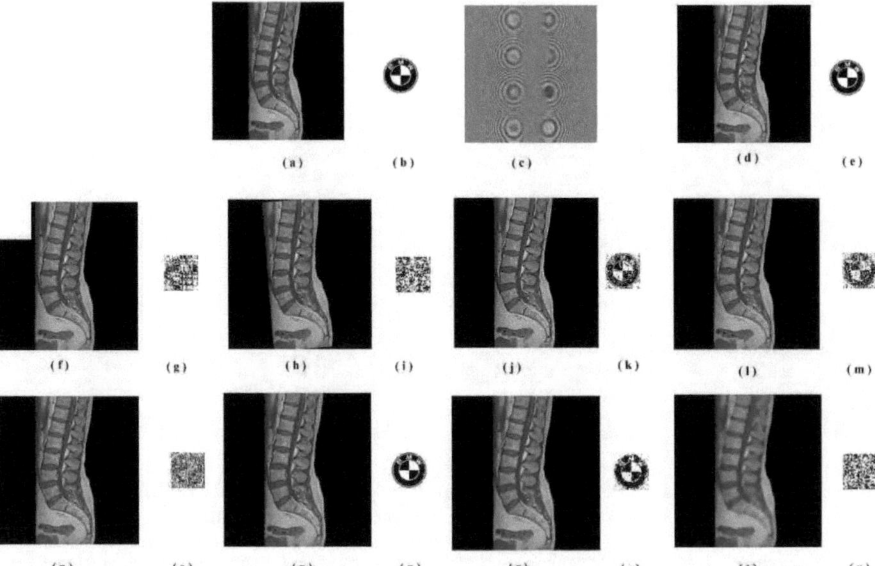

Figura 5.4. Resultados da marca de água sob ataques- Espinha dorsal (RMN) (a) Imagem do
hospedeiro (b) Marca de água original (c) Imagem de referência com marca de água (d) Imagem com
marca de água (e) Marca de água extraída (f) Recorte (g) Marca de água extraída (h) Rotação (i)
Marca de água extraída (j) Nitidez (k) Marca de água extraída marca de água extraída l) Compressão
m) Marca de água extraída n) Ruído de sal e pimenta o) Marca de água extraída p) Filtro Gaussiano
q) Marca de água extraída r) Filtro Weiner s) Marca de água extraída t) Filtro mediano u) Marca de
água extraída

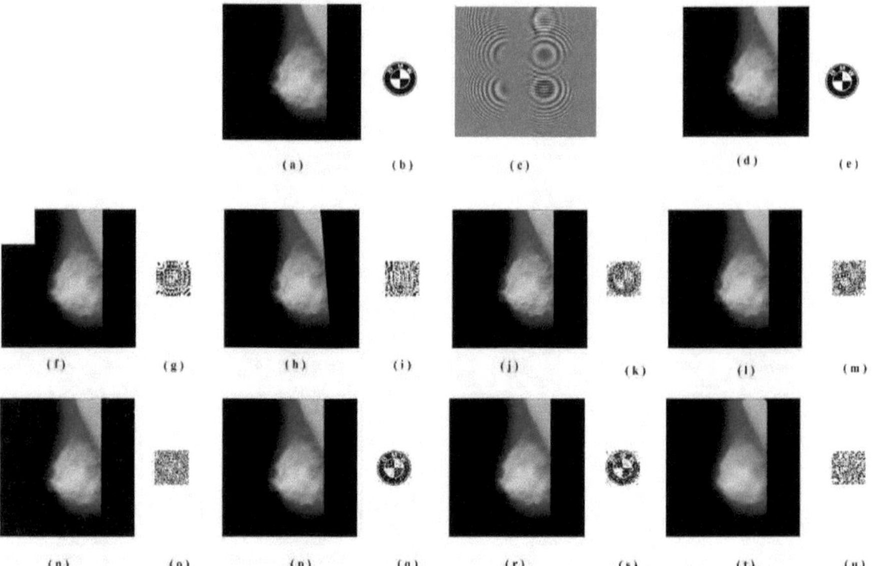

Figura 5.5. Resultados da marca de água sob ataques- mdb001 (a) Imagem do anfitrião (b) Marca de água original (c) Imagem de referência com marca de água
(d) Imagem
com marca de água (e) Marca de água extraída (f) Recorte (g) Marca de água extraída (h) Rotação (i) Marca de água extraída
(j) Nitidez (k) Marca de água extraída
marca de água extraída l) Compressão m) Marca de água extraída n) Ruído de sal e pimenta o) Marca de água extraída
p) Filtro Gaussiano q) Marca de água extraída r) Filtro Weiner s) Marca de água extraída t) Filtro mediano u) Marca de água extraída

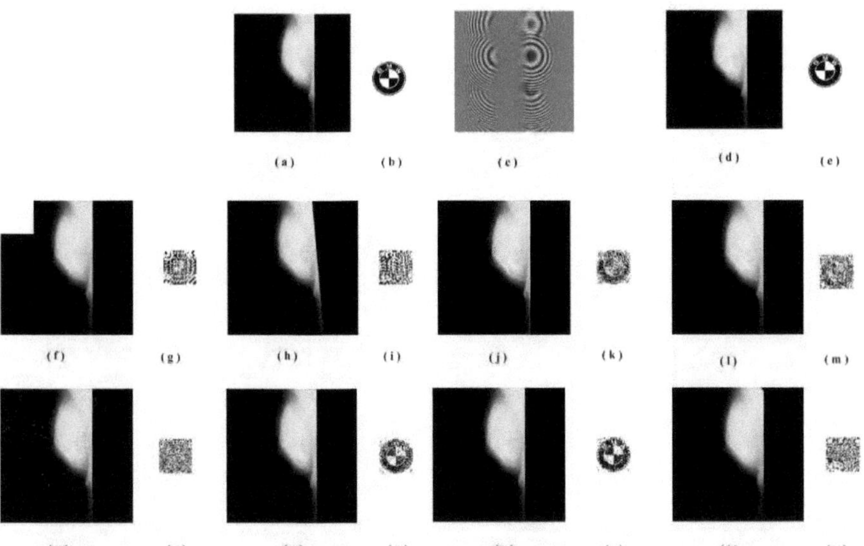

Figura 5.6. Resultados da marca de água sob ataques- mdb179 (a) Imagem do anfitrião (b) Marca de água original (c) Imagem de referência com marca de água
(d) Imagem com marca de água (e) Marca de água extraída (f) Recorte (g) Marca de água extraída (h) Rotação (i) Marca de água extraída
(j) Nitidez (k) Marca de água extraída
marca de água extraída l) Compressão m) Marca de água extraída n) Ruído de sal e pimenta o) Marca de água extraída
p) Filtro Gaussiano q) Marca de água extraída r) Filtro Weiner s) Marca de água extraída t) Filtro mediano u) Marca de água extraída

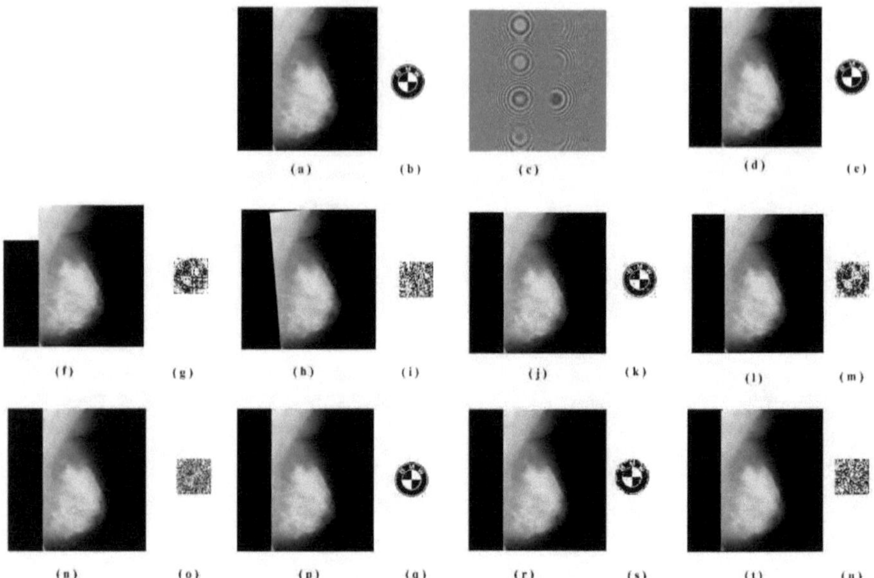

Figura 5.7. Resultados da marca de água sob ataques- mdb244 (a) Imagem do anfitrião (b) Marca de água original (c) Imagem de referência com marca de água
(d) Imagem com marca de água (e) Marca de água extraída (f) Recorte (g) Marca de água extraída (h) Rotação (i) Marca de água extraída
(j) Nitidez (k) Marca de água extraída
marca de água extraída l) Compressão m) Marca de água extraída n) Ruído de sal e pimenta o) Marca de água
extraída
p) Filtro Gaussiano q) Marca de água extraída r) Filtro Weiner s) Marca de água extraída t) Filtro mediano u) Marca de água extraída

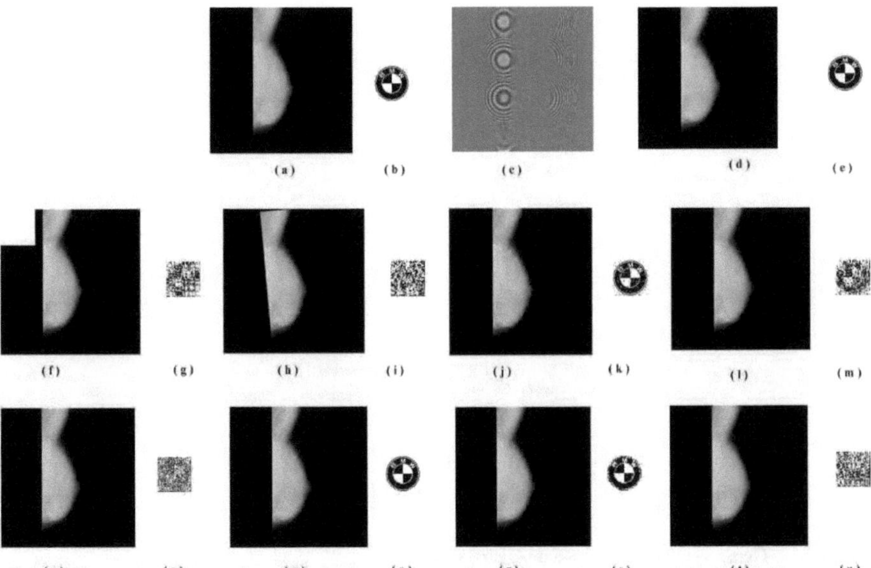

Figura 5.8. Resultados da marca de água sob ataques- mdb054 (a) Imagem do anfitrião (b) Marca de água original (c) Imagem de referência com marca de água (d) Imagem com marca de água (e) Marca de água extraída (f) Recorte (g) Marca de água extraída (h) Rotação (i) Marca de água extraída (j) Nitidez (k) Marca de água extraída marca de água extraída l) Compressão m) Marca de água extraída n) Ruído de sal e pimenta o) Marca de água extraída p) Filtro Gaussiano q) Marca de água extraída r) Filtro Weiner s) Marca de água extraída t) Filtro mediano u) Marca de água extraída

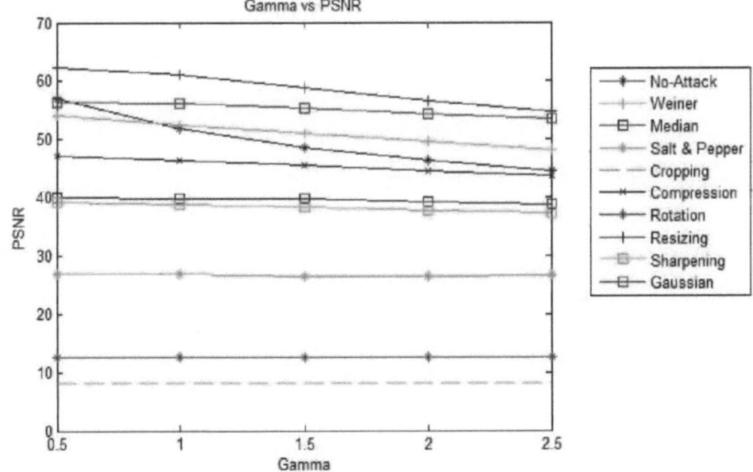

Figura 5.9. Gama versus PSNR

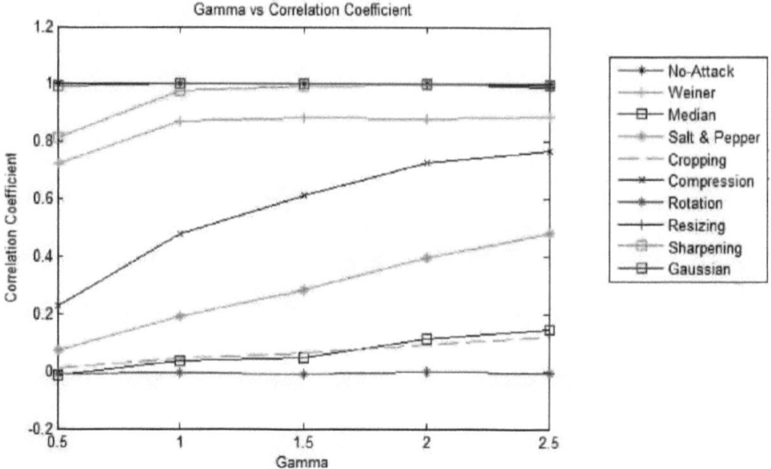

Figura 5.10. Gama versus Coeficiente de Correlação

5.5. Conclusão

Neste trabalho, é proposto um esquema de marca de água robusto, impercetível e não cego. O esquema proposto é resistente a vários ataques comuns. Um ataque inerente é induzido na imagem hospedeira antes do processo de incorporação da marca de água. Isto é efectuado por interpolação spline, uma vez que o médico tende a ampliar a imagem para a ver claramente. Além disso, o FRWPT assegura a distribuição da marca de água em todos os coeficientes da imagem anfitriã. O FRWPT considera tanto os coeficientes de aproximação como os de pormenor e, por conseguinte, o esquema proposto não tem perdas. Isto é importante, uma vez que as características das imagens médicas são cruciais para o diagnóstico.

O esquema de marca de água proposto é variante da imagem para várias modalidades de imagens médicas. Além disso, o esquema proposto mantém uma relação linear para a maioria das imagens de mamografia utilizadas. Por conseguinte, este método é eficiente para a marca de água em mamografias. Verifica-se que o coeficiente de correlação da marca de água de referência e da marca de água extraída é semelhante durante a maioria dos ataques, pelo que o esquema é considerado robusto. Estes resultados são apresentados na Tabela 5.1, na Tabela 5.2 e na Tabela 5.3. Além disso, as Fig. 5.1 - Fig. 5.8 mostram a qualidade da marca de água extraída contra vários ataques.

A Fig. 5.9. e a Fig. 5.10. representam os resultados gráficos. A partir dos gráficos, observa-se que o esquema de marca de água proposto varia linearmente com β, como se pode ver na Fig. 5.10. Isto indica que a robustez do algoritmo de marca de água proposto depende do fator de segurança γ. Este esquema pode ser melhorado para obter um melhor coeficiente de correlação durante o ataque de rotação, mantendo a robustez, para garantir questões de segurança relacionadas com imagens médicas. Globalmente, os resultados revelam que este esquema é robusto para imagens médicas, em particular mamografias.

Capítulo 6: Conclusões e orientações futuras

6.1. Conclusões

A probabilidade de as imagens médicas serem vistas por pessoas inadequadas é baixa. No entanto, este facto é preocupante durante as aplicações de telemedicina, quando as imagens são transmitidas através da rede. As pessoas podem utilizar/forjar indevidamente uma imagem médica para apresentar falsos pedidos de indemnização de seguros. Uma imagem médica falsificada de uma pessoa famosa pode tornar-se uma notícia sensacionalista para os meios de comunicação social. Por vezes, a imagem médica pode ser falsificada para afirmar que a morte é natural, quando pode tratar-se de um assassínio. Com os avanços tecnológicos, estão a ser desenvolvidas soluções para resolver questões de privacidade, confidencialidade e segurança dos dados médicos. No entanto, a tecnologia não pode abordar a ética de um ser humano. Várias destas questões são abordadas através da marca de água em imagens médicas.

Em resumo, os principais objectivos dos esquemas de marca de água em imagens médicas são

- Para permitir a ocultação de dados com o objetivo de ocultar metadados e outra imagem que torne a imagem útil/fácil de utilizar.

- Oferecer controlo de integridade para verificar se a imagem não foi modificada por qualquer utilizador não autorizado e se está intacta.

- Conferir autenticidade para garantir que a imagem é aquela em que o utilizador está interessado.

A aplicação de um algoritmo desenvolvido depende da modalidade de imagem e dos requisitos de segurança da imagem. Assim, o objetivo deste trabalho foi desenvolver algoritmos robustos de marca de água para proteger e autenticar imagens médicas. Uma grande parte desta investigação incidiu na incorporação da marca de água nas imagens médicas e na extração da mesma a partir da imagem médica. Vários esquemas de incorporação da marca de água foram realizados no decurso da literatura. Alguns esquemas foram identificados como sendo mais robustos e adequados para imagens médicas. Foram identificados e discutidos vários desses esquemas e foram feitas tentativas para desenvolver algoritmos de marca de água robustos.

O objetivo deste trabalho foi desenvolver esquemas de marca de água imperceptíveis, não cegos e robustos para satisfazer os requisitos de uma imagem médica. A marca de água incorporada diretamente na imagem médica torna a imagem autêntica. A informação crítica que fornece o processo de teste de autenticidade está escondida na imagem. Se esta informação for apagada, a adulteração pode ser detectada. Além disso, o facto de os sistemas propostos serem não cegos permite a remoção da marca de água da imagem com marca de água apenas por fontes fidedignas; muito provavelmente apenas na fonte. É difícil remover a marca de água da imagem com marca de água, mesmo com algoritmos sofisticados. A capacidade do esquema de marca de água desenvolvido para resistir a várias operações de processamento de imagem na imagem médica com marca de água confere-lhe robustez. Por conseguinte, esta investigação trata do desenvolvimento, exploração e análise de esquemas de marca de água adequados para imagens médicas.

Neste trabalho de investigação proposto, discutimos três esquemas de marca de água desenvolvidos para lidar com questões de segurança em imagens médicas. Os algoritmos propostos são esquemas imperceptíveis e não cegos. Os resultados experimentais obtidos em várias imagens de diversas modalidades confirmam a resistência destes algoritmos contra os ataques comuns de processamento de imagem.

Em particular, observamos que o esquema de marca de água SVD baseado em blocos proporciona uma maior robustez tanto para imagens convencionais como para imagens médicas. No entanto, existe uma grande diferença no coeficiente de correlação entre a marca de água extraída das imagens convencionais e a marca de água extraída das imagens médicas.

A marca de água em imagens médicas utilizando FRWPT permite três níveis de segurança. Em primeiro lugar, a codificação por transformação de Arnold, em segundo lugar, a ordem de transformação definida pelo utilizador para definir a força da marca de água e, em terceiro lugar, a troca de sub-bandas para garantir a segurança. Este esquema forneceu bons resultados no coeficiente de correlação e foi robusto.

O esquema de marca de água baseado na interpolação spline teve um ataque inerente e a marca de água foi incorporada na imagem atacada. Contrariamente ao esquema SVD e ao esquema FRWPT, o coeficiente de correlação obtido pela marca de água da imagem médica por interpolação spline é quase ideal. Este esquema pode resistir a transformações geométricas e é robusto.

6.2. Comparação de desempenho

Os contributos dos sistemas propostos abrangem três elementos do processo de investigação: teoria, prática e resultados. As contribuições e limitações da tese para cada esquema proposto são destacadas nesta secção.

A incorporação da marca de água no domínio SVD é uma nova abordagem para a autenticação. O esquema proposto identifica um parâmetro de segurança (α). O valor deste parâmetro garante a segurança e pode ser identificado como a chave. Este método é adequado para imagens convencionais e não é apropriado para imagens médicas. Para a imagem dada de 256X256, a marca de água incorporada é de 64X64. Uma vez que a marca de água é incorporada no domínio SVD, a marca de água é invisível. No entanto, como não somos médicos, não conseguimos identificar as alterações nas características da imagem. A marca de água incorporada permanece invisível tanto para imagens convencionais como para imagens médicas. Qualquer alteração nas características da imagem pode ser identificada pela alteração na marca de água extraída, ou seja, qualquer alteração na imagem com marca de água resulta em alterações significativas na marca de água extraída.

A adulteração é detectada através da comparação entre a marca de água original e a marca de água extraída. A imagem com marca de água é considerada autêntica se a imagem com marca de água for proveniente de fontes genuínas. O coeficiente de correlação da marca de água extraída de imagens convencionais foi melhor do que o da imagem médica. No entanto, este esquema não permite a localização de adulterações. A segurança desta técnica depende de dois parâmetros, o parâmetro de quantização Q e o parâmetro de segurança a . Os resultados BER e o PSNR tabulados no Capítulo 3 indicam que o método proposto é robusto contra vários ataques, tanto para imagens convencionais como para imagens médicas. No entanto, o coeficiente de correlação entre a marca de água incorporada e a extraída indica que este método não é eficiente para imagens médicas.

Verifica-se que o coeficiente de correlação depende da marca de água incorporada na região de interesse (ROI) da imagem médica. A marca de água extraída contém apenas os bits da ROI e, por conseguinte, é extraída uma marca de água incompleta. No entanto, este não é o paradigma das imagens convencionais. Os bits da marca de água extraídos são da imagem completa. Por conseguinte, a qualidade da marca de água extraída recuperada é melhor para as imagens convencionais do que para a recuperada da imagem médica. Além disso, este esquema não prevê a reconstrução da imagem anfitriã e a marca de água é recuperada através da definição de um limiar binário de 0,5.

Como podemos ver, temos uma boa robustez para as imagens de teste, o que mostra a importância do método SVD e a sua generalidade para várias imagens de teste. No entanto, o esquema de marca de água para imagens médicas deve ter em conta as características vitais da imagem médica, o que não acontece com as imagens convencionais. Por conseguinte, surgiu a necessidade de desenvolver técnicas de marca de água robustas para imagens médicas.

Os contributos resultantes da técnica de marca de água FRWPT são um esquema de incorporação no domínio da frequência que proporciona segurança e robustez. Para a imagem dada de 256X256, a marca de água incorporada é de 64X64, a decomposição FRWPT de 2 níveis conduz a 16 sub-bandas. A marca de água é integrada no domínio da frequência, pelo que a marca de água é invisível.

Esta técnica proporciona segurança com base em três parâmetros - a transformada de Arnold, o parâmetro de segurança β e a troca de sub-bandas definida pelo utilizador. Claramente, o PSNR, o coeficiente de correlação e o SSIM tabulados no Capítulo 4 indicam que o método proposto é robusto contra vários ataques a várias imagens médicas. Este facto é positivo e inequívoco, no entanto, o esquema proposto é robusto para mamografias e mantém uma relação linear para mamografias. Além disso, o SSIM da imagem anfitriã e das imagens com marca de água não revela grandes diferenças nas características da imagem anfitriã e da imagem com marca de água. Por conseguinte, este é um esquema eficiente para a marca de água em imagens médicas. Ao efetuar o FRWPT inverso (processo inverso), a imagem anfitriã é recuperada. Por conseguinte, o sistema também é reversível.

Até à data, as imagens com marca de água foram sujeitas a ataques. Não houve nenhuma tentativa na literatura disponível de incorporar uma marca de água numa imagem que é atacada. No esquema de marca de água FRWPT baseado em spline, a imagem anfitriã tem um ataque inerente realizado por interpolação spline. Este esquema foi capaz de resistir à maioria dos ataques de processamento de imagem e forneceu resultados lineares para mamografias. Os resultados foram quase ideais para poucos ataques, especialmente ideais durante o redimensionamento.

Mais uma vez, para a imagem dada de 256X256, a marca de água incorporada é de 64X64. A interpolação spline aumenta o tamanho da imagem para 512X512, pelo que a marca de água é incorporada 32 vezes na imagem. Uma vez que a marca de água é de natureza binária e está incorporada no espetro de frequência da imagem, o esquema de marca de água é invisível. À semelhança dos métodos anteriores discutidos, o coeficiente de correlação da marca de água extraída permite a deteção de adulterações. Como já foi referido no Capítulo 5, este esquema proporciona segurança com base em dois parâmetros - o parâmetro de segurança γ e a troca de sub-bandas definida pelo utilizador. O PSNR, o coeficiente de correlação e o SSIM apresentados no Capítulo 5 indicam que o método proposto é robusto contra vários ataques a várias imagens médicas. Observa-se também que o esquema proposto mantém uma relação linear com os mamogramas e, por conseguinte, é um esquema eficiente também para a marcação de água em mamogramas. O esquema de marca de água é reversível e o fluxo do processo de extração é o inverso do processo de incorporação; assim, a imagem anfitriã é recuperada a partir da imagem com marca de água.

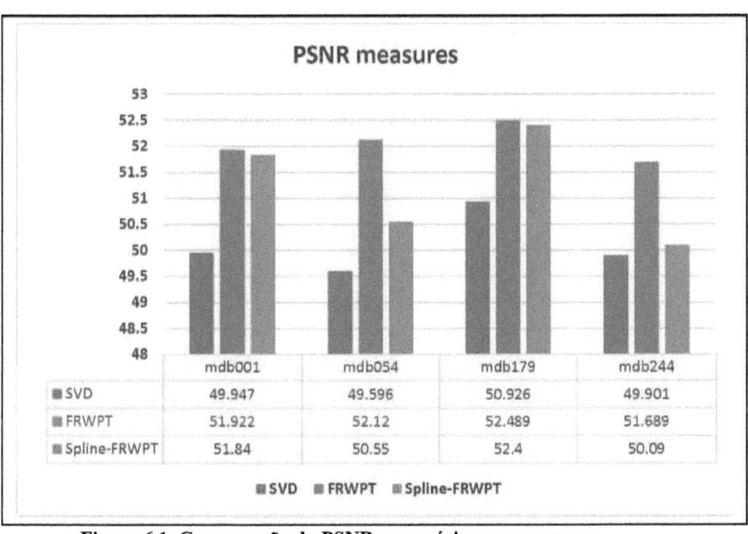

	mdb001	mdb054	mdb179	mdb244
SVD	49.947	49.596	50.926	49.901
FRWPT	51.922	52.12	52.489	51.689
Spline-FRWPT	51.84	50.55	52.4	50.09

Figura 6.1. Comparação da PSNR para vários mamogramas

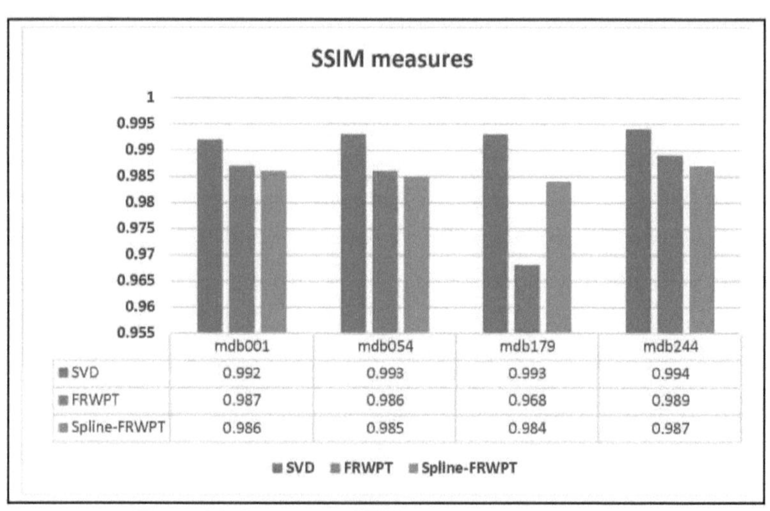

Figura 6.2. Comparação SSIM para vários mamogramas

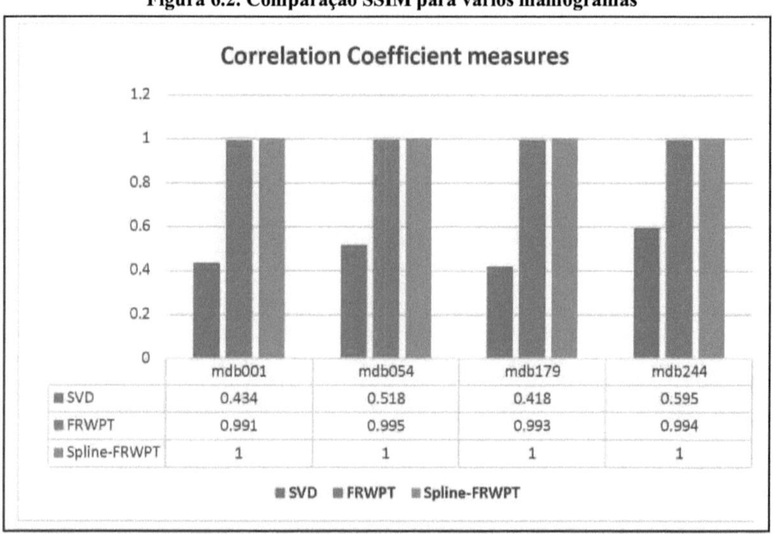

Figura 6.3. Comparação do coeficiente de correlação para vários mamogramas

Os requisitos obrigatórios para a marca de água em imagens médicas foram satisfeitos e foram desenvolvidas funcionalidades adicionais. A partir da avaliação e comparação dos três esquemas propostos, esta secção anterior analisou e avaliou os prós e contras dos esquemas de marca de água propostos.

O desempenho do algoritmo proposto em termos de PSNR, SSIM e Coeficiente de Correlação está resumido nas figuras anteriores para as imagens de teste mdb001, mdb054, mdb179 e mdb244. A Fig. 6.1, a Fig. 6.2 e a Fig. 6.3 compararam o PSNR, o coeficiente de correlação e o SSIM para as imagens de teste, para os algoritmos de marca de água propostos, respetivamente.

6.3. Investigação futura

Esta tese de investigação apresentou três algoritmos de marca de água para imagens médicas. Isto abriu uma série de possibilidades para o futuro próximo. Um investigador pode investigar as questões num ambiente hospitalar antes de desenvolver esquemas de marca de água. É aceitável alguma compressão no domínio médico (DICOM). Esses algoritmos podem ser desenvolvidos investigando e incorporando marcas de água noutros domínios, por exemplo, DCT. Além disso, a investigação apresentada nesta tese ainda se encontra em fase de desenvolvimento.

A lacuna entre o desenvolvimento e a aplicação ainda está em aberto para os investigadores. Pode ser efectuado um diagnóstico clínico para testar a aceitação do esquema proposto para várias modalidades de imagens médicas. Isto é necessário para verificar se a imagem médica com marca de água de várias modalidades de imagem (ultrassom, tomografia computadorizada, mamografia, etc.) altera o diagnóstico clínico quando comparada com a imagem original. O processo pode envolver uma avaliação clínica objetiva. Pode ser dada ao médico uma mistura de imagens originais e com marca de água incorporada. Além disso, pode ser pedido ao médico que faça um breve resumo clínico de cada imagem com o diagnóstico mais provável. No final da investigação, estes dados ajudarão a concluir a robustez da técnica de marca de água proposta e a sua eficiência para várias modalidades de imagens médicas. O desenvolvimento e a exploração da análise de desempenho da transformada de Karhunen-Loeve (transformada KL) e de esquemas de marca de água baseados em Wavelets curvas para a marcação de água em imagens médicas e convencionais continuam a ser objeto de investigação neste domínio.

Referências

Kobayashi, L.O.M, Furuie, S.S, Barreto, P.S.L.M. 2009. 'Providing Integrity and Authenticity in DICOM Images: A Novel Approach", IEEE Transactions on Information Technology in Biomedicine, 13:4.

Wong, S. T. C., Abundo, M, e Huang, H. K. 1995. Técnicas de autenticidade para imagens e registos PACS", *Proc. SPIE,* 2435: 68-79.

Macq,B. e F. Dewey. 1999. 'Trusted headers for medical images,' *DFG VIII-DII Watermarking Workshop.*

Fung, C.W.H, Gortan,A, Junior, W.G. 2011. 'A Review Study on Image Digital Watermarking', *ICN 2011 : The Tenth International Conference on Networks.*

Van Schyndel, R. G., Tirkel, A. Z., Osborne, C. F. 1994. "A digital watermark," Actas da Conferência Internacional de Processamento de Imagem do IEEE, 2:86-90.

Wolfgang,R, Delp,E. 1996.'A watermark for digital images', *Actas da Conferência Internacional sobre Processamento de Imagens,* 3:219-222.

Bender, W. R., Gruhl, D., Morimoto, N. 1995. Techniques for data hiding", *Proc. SPIE: Storage and Retrieval of Image and Video Databases,* 2420:164-173.

Pitas,I. 1996. A method for signature casting on digital images,' *Proceedings of International Conference on Image Processing,* 3:215-218.

Nikolaidis,N, Pitas,I. 1996. 'Copyright protection of images using robust digital signatures', *Proceedings of IEEE International Conference on Acoustics, Speech and Signal Processing,* 4:2168-2171.

Cox, I. J., J. Kilian,J., Leighton, T., Shamoon,T., 1995. 'Secure spread spectrum watermarking for multimedia,' *NEC Res. Inst., Princeton, NJ, Tech. Rep.* 95-10.

Cox, I.J., Killian, J., Leighton, F.T., Shamoon, T.. 1997. 'Secure spread spectrum watermarking for multimedia', IEEE Transactions on Image Processing, 6:12:1673-1687.

Seyed Mojtaba Mousavi, Alireza Naghsh, Abu-Bakar,S. A. R. 2104. Técnicas de marca de água utilizadas em imagens médicas: A Survey,' Journal of Digital Imaging. 27:6:714-729.

Jiang Xuehua, 2010. 'Digital Watermarking and Its Application in Image Copyright Protection,' Conferência Internacional sobre Tecnologia de Computação Inteligente e Automação.

Cox, I. J., Member, S., & Linnartz, J. M. G. 1998. 'Some General Methods for Tampering with Watermarks. IEEE Jouranl on Selected Areas in Communications,' 16:4:587-593.

Craver, S., Memon, N., Yeo, B., & Yeung, M. M., 1998. Resolving Rightful Ownerships with Invisible Watermarking Techniques: Limitations, Attacks, and Implications,' IEEE Jouranl on Selected Areas in Communications. 16:4:573-586.

Cox, I. J., Kilian, J., Leighton, T., e Shamoon, T. 1996. "Secure spread spectrum watermarking for images, audio and video", IEEE International Conference on Image Processing, 3:243-246.

Candes,E, Demanet.L, Donoho.D, Ying.L, 2006. "Fast discrete curvelet transforms," Multiscale Model.

Simul., 5:3:861-899.

Candes,E, Donoho.D, 1999. "Ridgelets: A key to higher-dimensional intermittency?" Philos. Trans. R. Soc. London A, Math. Phys. Eng. Sci., 357:1760:2495-2509.

Candes,E, Donoho.D, 2004. "Novas estruturas apertadas de curvelets e representações óptimas de objectos com singularidades por partes", Commun. Pure Appl. Math., 57:2:219-266.

Candes,E, Donoho.D, 2005. "Transformada de curvelet contínua. I. Resolução do conjunto de frentes de onda", Appl. Comput. Harmon. Anal., 19:2:162-197.

Candes,E, Donoho.D, 2005. "Transformada de curvelet contínua. II. Discretização e frames", *Appl. Comput. Harmon. Anal.*, 19:2:198-222.

Makbol, N. M.. Khoo, B. E. e T. H. Rassem, 2016. "Esquema de marca d'água de imagem de decomposição de valor singular de transformada wavelet discreta baseada em bloco usando características do sistema visual humano", *IET Image Processing*, 10: 1: 34-52.

Abdelhakim, A. M., Saleh, H. I., Nassar, A. M. , 2016. "Função de aptidão baseada em métricas de qualidade para otimização robusta de marcas de água com o algoritmo Bees", *IET Image Processing*, 10:3:247-252.

Eswaraiah, R., & Reddy, E. S., 2014. "Técnica de marca d'água de imagem médica para deteção precisa de adulteração em ROI e recuperação exata de ROI", *International Journal of Telemedicine and Applications*, Artigo ID984646.

Yassin, N.I., Salem, N. M., 2013. 'Esquema robusto de marca d'água para aplicações de telemedicina', *30ª Conferência Nacional de Rádio Ciência*, 247-255.

Coatrieux, G., Pan, W., Cuppens-boulahia, N., Cuppens, F., & Roux, C., 2013. 'Reversible Watermarking Based on Invariant Image Classification and Dynamic Histogram Shifting,' *IEEE Transactions on Information Forensics and Security*, 8:1: 111-120.

Lavanya,A, Natarajan,V, 2012. 'Watermarking patient data in encrypted medical images,' Sadhana-Academic Proceedings in Engineering sciences, 37:6: 723-729.

Bouslimi, D., Coatrieux, G., & Cozic, M., 2012. 'Encryption / Watermarking System for Verifying the Reliability of Medical Images,' *IEEE Transactions on Information Technology in Biomedicine,* 16:5: 891-899.

Giakoumaki, A., Pavlopoulos, S., & Koutsouris, D., 2006. "Multiple Image Watermarking Applied to Health Information Management," *IEEE Transactions on Information Technology in Biomedicine*, 10:4: 722-732.

Kamran, M., Farooq, M., 2012. "An Information-Preserving Watermarking Scheme for Right Protection of EMR Systems", IEEE Transactions on Knowledge and Data *Engineering,* 24:11: 1950-1962.

Wakatani,A, 2002. 'Digital Watermarking for ROI Medical Images by Using Compressed Signature Image,' *Actas da 35ᵃ Conferência Internacional sobre Ciências de Sistemas.*

Yusuk Lim, Changsheng Xu e David Dagan Feng, 2001. 'Web based Image Authentication Using Invisible Fragile Watermark', *Pan-Sydney Area Workshop on Visual Information Processing*, Sydney, Austrália.

Li, J., Sui Miao, 2013. 'A marca d'água de imagem médica usando Arnold Scrambling e DFT', *Anais da 2ª Conferência Internacional sobre Ciência da Computação e Engenharia Eletrônica.*

Rodriguez, C.R., Uribe Claudia, F., T. Blas Gershom, T., 2007, 'Data Hiding Scheme for Medical Images', *IEEE 17th International Conference on Electronics, Communications and Computers.*

Nisar Ahmed Memon, S.A.M. Gilani, Shams Qayoom, 2009. 'Multiple Watermarking of Medical Images for Content Authentication and Recovery', *IEEE 13th International Multitopic Conference.*

Viswanathan, P., Krishna, P. V., 2014. 'Fusion for Verifying the Security Issues of Teleradiology', *IEEE Journal of Biomedical and Health Informatics*, 18:3: 753-764.

Coatrieux, G., Huang, H., Shu, H., 2013. 'Um sistema de controlo de integridade de imagens médicas baseado em marcas de água e uma assinatura de momento de imagem para caraterização de adulteração', *IEEE Journal of Biomedical and Health Informatics*, 17:6: 1057-1067.

Liu,R., Tan. T., 2002. An SVD-Based Watermarking Scheme for Protecting Rightful ownership", *IEEE Transactions on Multimedia*, 4:1: 121-128.

Chin-Chan Chang, Piyu Tsai, Chia-Chen Lin, 2005. 'SVD based digital image watermarking scheme', Pattern Recognition Letters, 26: 1577-1586.

An, L., Gao, X., Li, X., 2012. 'Robust Reversible Watermarking via Clustering and Enhanced Pixel-Wise Masking', *IEEE Transactions on Image Processing,* 21:8: 35983611.

Biao-Bing Huang, Shao-Xian Tang, 2006. Um esquema de marca de água visível sensível ao contraste", *IEEE Transactions on Multimedia*, 13:2: 60-66.

Jengnan Tzeng, Wen-Liang Hwang, l-Liang Chern, 2002. "Melhoria dos métodos de marca de água de imagens com/sem imagens de referência através da otimização de estatísticas de segunda ordem", *IEEE Transactions on Image Processing*, 11:7: 771-782.

Wong, P.W., Memon, N., 2001. "Secret and public key image watermarking schemes for image authentication and ownership verification", *IEEE Transactions on Image Processing*, 10:10: 1593-1601.

Yiwei Wang, Doherty, J.F., Van Dyck, R.E., 2002. A wavelet-based watermarking algorithm for ownership verification of digital images", *IEEE Transactions on Image Processing*, 11:2: 77-88.

Izquierdo, E., Guerra, V., 2003, 'An ill-posed operator for secure image authentication', *IEEE Transactions on Circuits and Systems for Video Technology*, 13:8: 842-852.

Yang Zhao, Campisi, P., Kundur, D., 'Dual domain watermarking for authentication and compression of cultural heritage images', *IEEE Transactions on Image Processing*, 13:3: 430-448.

Shieh, J.-M., Lou, D.-C., & Chang, M.-C., 'A semi-blind digital watermarking scheme based on singular value decomposition,' *Computer Standards & Interfaces*, 28:4: 428440.

Bhatnagar, G., Raman, B., 'A new robust reference watermarking scheme based on DWT- SVD, ' *Computer Standards and Interfaces,* 31:5: 1002-1013.

Mohammad, A. A., Alhaj, A., & Shaltaf, S., 2008. An improved SVD-based watermarking scheme for protecting rightful ownership", *Signal Processing*, 88:9: 2158-2180.

Wong, P.H.; Au, O.C.; Yeung, Y. M., 2003. 'Novel blind multiple watermarking technique for images', *IEEE Transactions on Circuits and Systems for Video Technology*, 13:8: 813-830.

Wei-Hung Lin; Shi-Jinn Horng; Tzong-Wann Kao; Pingzhi Fan; Cheng-Ling Lee; Yi Pan, 2008. 'An Efficient Watermarking Method Based on Significant Difference of Wavelet Coefficient Quantization', *IEEE Transactions on Multimedia*, 10:5: 746-757.

Meerwald, P.; Koidl, C.; Uhl, A., 2009. 'Attack on "Watermarking Method Based on Significant Difference of Wavelet Coefficient Quantization", *IEEE Transactions on Multimedia*, 11:5: 1037-1041.

Podilchuk, C.I., Wenjun, Zeng, 'Image-adaptive watermarking using visual models', *IEEE Journal on Selected Areas in Communications*, 16:4: 525-539.

Bender, W., Gruhl, D., Morimoto, N., Lu, A., 1996. Techniques for data hiding", *Journal on IBM Systems*, 35:3,4: 313-336.

Solachidis, V., Pitas, I., 2001. Circularly Symmetric Watermark Embedding in 2-D DFT Domain,' 10:11: 1741-1753.

Watson A. B., 1993. 'Matrizes de quantização DCT visualmente optimizadas para imagens individuais', *Proc. SPIE Conf. Human Vision, Visual Processing, and Digital Display IV*, 1913: 202-216.

Lin, S.D.; Chin-Feng Chen, 2000. "A robust DCT-based watermarking for copyright protection", *IEEE Transactions on Consumer Electronics*, 46:3: 415-421.

Suhail, M.A., Obaidat, M.S., 2003. 'Digital watermarking-based DCT and JPEG model,' IEEE Transactions on Instrumentation and Measurement, 52:5: 1640-1647.

Wei, Z.H., Qin, P., Fu, Y. Q., 1998. 'Percetual digital watermark of images using wavelet transform,' IEEE Transactions on Consumer Electronics, 44:4: 1267-1272.

Chun-Shien Lu, Liao, H.Y.M., 2001. 'Multipurpose watermarking for image authentication and protection,' IEEE Transactions on Image Processing, 10:10:1579-1592.

Celik, M.U., Lemma, A.N., Katzenbeisser, S., Van der Veen, M., 2008. 'Lookup-TableBased Secure Client-Side Embedding for Spread-Spectrum Watermarks,' IEEE Transactions on Information Forensics and Security, 3:3: 475-487.

Chen, T. , Wang, J., 2002. 'Image Watermarking method using integer-to-integer wavelet transforms,' Tsinghua Science and Technology, 7:5: 508-512.

Dejey. R. S., Rajesh, D., 2011. 'Robust discrete wavelet fan beam Transforms based color image watermarking,' *IET Transactions on Image Processing,* 5:4: 315-322.

Chih-Wei Tang, Hsueh-Ming Hang, 2003. A feature-based robust digital image watermarking scheme", *IEEE Transactions on Signal Processing,* 51:4: 950-959.

Bas P., Chassery, J. M., Macq B., 2000. Robust watermarking based on the warping of pre-defined triangular patterns", *Proc. SPIE Security and Watermarking of Multimedia Contents- II,* 3971: 99-109.

Bhatnagar,G., Raman,B., Wu,Q.M.J., 2012. 'Marca d'água robusta usando transformada de pacote de wavelet fracionário', *IET Transactions on Image Processing,* 6: 4-386-397.

Jayalakshmi, M., Merchant, S. N., Desai, U. B., 2006. 'Digital watermarking in contourlet domain', *Proc. 18th Int. Conf. Pattern Recognition,* 3:861-864.

Jayalakshmi.M., Merchant S. N., Desai U. B., 2006. 'Blind watermarking in contourlet domain with improved detection', Int. Conf. Intelligent Information Hiding and Multimedia Signal Processing.

Xueqiang, L., Xinghao, D., Donghui, G., 2007. Digital watermarking based on nonsampled contourlet transform", Proc. IEEE Int.Workshop Anti-counterfeiting, Security, Identification.

Li, H., Song, W., Wang, S., 2006. Um novo algoritmo de marca de água cega no domínio contourlet", *Proc. 18th Int. Conf. Pattern Recognition,* 3: 639-642.

Xiao S., Ling H., Zou F., Lu, Z., 2007. Algoritmo de marca de água de imagem adaptável no domínio contourlet", *Proc. Workshop conjunto Japão-China sobre a fronteira da ciência e tecnologia da computação.*

Akhaee, M.A., Sahraeian, S.M.E., Marvasti, F., 2010. 'Contourlet-Based Image Watermarking Using Optimum Detetor in a Noisy Environment,' *IEEE Transactions on Image Processing,* 19:4: 967- 980.

Do, M.N., Vetterli, M., 2003. The finite ridgelet transform for image representation", *IEEE Transactions on Image Processing,* 12:1: 16-28.

Candes, E. J., Donoho, D. L., 1999. 'Ridgelets:Akey to higher-dimensional intermittency?', *Phil. Trans. R. Soc. Lond. A.*

Kalantari, N.K., Ahadi, S.M., Vafadust, M., 2010. 'A Robust Image Watermarking in the Ridgelet Domain Using Universally Optimum Decoder,' *IEEE Transactions on Circuits and Systems for Video Technology,* 20:3: 396-406.

Pushpa Mala, S., Jayadevappa, D., Ezhilarasan, K., 2015. 'Técnicas de marca d'água de imagem digital: A Review,' *International Journal of Computer Science and Security,* 9:3: 140-156

Petitcolas, Fabien A. P., 2000. 'Watermarking schemes evaluation,' IEEE Signal Processing Magazine, 17:5:58-64.

Malihe Mardanpour, Mohammad Ali Zare Chahooki, 2016. 'Robust transparent image watermarking with Shearlet transform and bidiagonal singular value decomposition', International Journal of Electronics and Communication, 70: 790-798.

Tong, Liu, Zheng-Ding, Qiu, 2002. The survey of digital watermarking-based image authentication techniques,' Proceedings of IEEE International Conference on Signal Processing, 1556-1559.

Lin, C., Chang, S., 2000. Semi-fragile watermarking for authenticating JPEG visual content,' Security and Watermarking of Multimedia Contents II, Society of Photo- Optical Instrumentation Engineers, 140-151.

Lopes I., O., Barcelos C. A. Z., Batista M. A., Silva A. M., 2006. 'Enhanced watermarking scheme based on texture analysis,' Lecture Notes in Computer Science Springer, 4179:746-756

L. Knockaert, B. Backer, D. Zutter, 1999. 'SVD compression, unitary transforms, and computational complexity', IEEE Transactions on Signal Processing, 47:10: 2724-2729.

Andrews, H., Patterson, C., 1976. 'Singular value decompositions and digital image processing', IEEE Transactions on Acoustics and Speech Signal Processing. 24:1: 26-53.

Mohammad, A. A., Alhaj, A., Shaltaf, S., 2008. An improved SVD-based watermarking scheme for protecting rightful ownership", Signal Processing, 88:9: 2158-2180.

X. Zhang, K. Li, 2005. Comments on an SVD-based watermarking scheme for protecting rightful ownership, IEEE Transactions on Multimedia, 7:3: 593-594.

Shieh, J.M., Lou, D.C., Chang, M.C., 2006. A semi-blind digital watermarking scheme based on singular value decomposition", Computer Standards & Interfaces, 28:4: 428-440.

Barni, M., Bartolini, F., Cappellini, V., Piva, A., 1998. A DCT domain system for robust image watermarking", Signal Processing. 66: 357-372.

Barni, M., Bartolini, F., Cappellini, V., Piva, A., 2001. 'Improved wavelet-based watermarking through pixel-wise masking', IEEE Transactions on Image Processing, 10:783-791.

Chu, W.C., 2003. 'DCT-based image watermarking using subsampling,' IEEE Transactions on Multimedia, 5:34-38

Ning Bi, Qiyu Sun, Daren Huang, Zhihua Yang, Jiwu Huang, 2007. 'Robust Image Watermarking Based on Multiband Wavelets and Empirical Mode Decomposition,' IEEE Transactions on Image Processing, 16:8; 1956-1966.

Kim, T. Y., Choi, H., Lee, K., Kim, T., 2004. 'An Asymmetric Watermarking System with Many Embedding Watermarks Correspondding to One Detection Watermark,' 11:3: 375-377.

Langelaar, G.C., Setyawan, I., Lagendijk, R.L., 2000. Watermarking digital image and video data", IEEE Signal Processing Magazine, 17:5: 20-46.

Tian, J., 2003, "Reversible data embedding using a difference expansion", IEEE Transactions on Circuits Systems and Video Technology, 13:8:890-896.

Weng, S., Zhao, Y., Pan, J.S., Ni, R., 2007. Uma nova marca de água reversível baseada numa transformada de número inteiro". Proc. Conferência Internacional sobre Processamento de Imagem, 241-244.

Kim, H.J., Sachnev, V., Shi, Y.Q., Nam, J., Choo, H.G., 2008. 'A novel difference expansion transform for reversible data embedding', IEEE Transactions on Information, Forensics Security, 3:3:456-465.

Celik, M.U., Sharma, G., Tekalp, A.M., Saber, E., 2005. 'Lossless generalized-LSB data embedding', *IEEE Transactions on Image Processing,* 14:2:253-266.

Yang, B., Schmucker, M., Funk, W., Busch, C., Sun, S., 2004. 'Integer DCT-based reversible watermarking technique for images using companding technique', *Proc SPIE*, 5306: 405-415.

Wang, S.H., Lin, Y.P., 2004. 'Wavelet tree quantization for copyright protection watermarking', *IEEE Transactions on Image* Processing, 13:2:154-165.

Zhang, X.D., Feng, J., Lo, K.T., 2003 'Image watermarking using tree-based spatial- frequency feature of wavelet transform', *Journal of Visual Communication and Image Representation*, 14:14: 474-491.

Bhatnagar, G., Raman, B., 2009. Robust reference-watermarking scheme using wavelet packet transform and bidiagonal-singular value decomposition", *International Journal of Image* Graphics, 9:3:449-477.

Meyer, Y., 1993. *Wavelets: Algorithms and Applications.* Philadelphia.

Donald.A. Berry, 1998. *Jornal do Instituto Nacional do Cancro.* 90:19.

Haar A., 1910. Zur theorie der orthogonalen Funktionsysteme", Math Annal, 69:331-371.

ANEXO I

RESUMO DOS SISTEMAS DE MARCA DE ÁGUA PROPOSTOS

Requisitos		SVD	FRWPT	FRWT baseada em spline
Obrigatório	Invisibilidade	SIM	SIM	SIM
	Fiabilidade	SIM	SIM	SIM
	Segurança	Q, a	Transformada de Arnold, β, regra definida pelo utilizador	γ, regra definida pelo utilizador
	Robusto	SIM	SIM	SIM
Desejável	Reversibilidade	NÃO	SIM	SIM
	Reconstrução	NÃO	SIM	SIM
Outros	Localizar a violação	NÃO	NÃO	NÃO

ANEXO II

CONTRIBUIÇÕES PARA A TESE

Processo de	Contribuição
Teoria	1. Incorporação de uma imagem binária como marca de água. 2. A utilização de conhecimentos de SVD para analisar o desempenho de um esquema de marca de água para imagens médicas. 3. A utilização do FRWPT para analisar o desempenho do esquema de marca de água para imagens médicas. 4. A utilização da interpolação spline para ataques inerentes.
Prática	1. Desenvolvimento de um esquema capaz de definir os requisitos dos esquemas de marcas de água em imagens médicas. 2. Desenvolvimento de um esquema que seja capaz de proteger imagens médicas e que possa resistir a ataques de processamento de imagens. 3. Desenvolvimento de um esquema com um ataque inerente, capaz de proteger imagens médicas e de resistir a ataques de processamento de imagens.
Resultado	1. Esquema de marca de água SVD baseado em blocos 2. Esquema de marca de água baseado em FRWPT 3. Esquema de marca de água FRWPT baseado em Spline

ANEXO III

Transformar Adotado	Conceito e detalhes	Resultados e resumo
SS	A marca de água é distribuída por uma vasta gama de frequências	É necessária uma largura de banda maior para transmitir um sinal de largura de banda estreita. Não é robusto contra ruídos de alta amplitude.
DCT	A marca de água está espalhada por uma gama de frequências e, por isso, não é detetável	Não é resistente a desalinhamentos e ataques de compressão.
DFT	A marca de água é adicionada nas gamas de frequência média	Resistente a ataques de filtragem, adição de ruído, compressão de escala, rotação e corte.
DWT	A marca de água é incorporada em intervalos de frequência média	Ortogonal e simétrico, reconstrução. Bom desempenho para funções de identificação. Comparativamente robusto a desalinhamentos e ataques de compressão, distorções geométricas, ataques de processamento de sinais, ataques de equalização de histogramas.
Ets multi-nível	A marca de água é incorporada em gamas de baixa e alta frequência.	Resistente à compressão, ao corte e ao escalonamento.
Contornos	A marca de água pode ser incorporada ao longo de diferentes direcções das arestas curvas	Resistente a ataques AWGN e de compressão.
Cumeeiras	Lidar com problemas de singularidade de linha enfrentados em wavelets 2D	Robustez máxima contra ataques de ruído gaussiano
Curveletes	Pode representar arestas e singularidades ao longo das curvas	Melhor recuperação em condições de ruído. Resistente à filtragem Gaussiana de baixa passagem, ao aumento do contraste e à contaminação por ruído.
Cisalhas	Análise geométrica multiescala, gamas de alta frequência	Bom desempenho em comparação com a DCT e a DWT

Publicações

1. Pushpa Mala S., Jayadevappa, D., & Ezhilarasan, K. 2015. 'Application of Fractional Wave Packet Transform for Robust Watermarking of Mammograms,' International *Journal of Telemedicine and Applications,* 1-9. http://doi.org/10.1155/2015/123790

2. Pushpa Mala S., Jayadevappa, D., & Ezhilarasan, K. 2015 'Digital Image Watermarking Techniques: A Review,' *International Journal of Computer Science and Security, 9*:3: 140-156.

3. Pushpa Mala, S., Jayadevappa, D., & Ezhilarasan, K. 2016. 'Mamografias de marca d'água usando transformação de pacote de onda fracionária baseada em spline', *International Journal ofApplied Engineering Research*, 11: 5: 3347-3351.

4. Pushpa Mala, S., Jayadevappa, D., & Ezhilarasan, K. 2016. 'Análise de desempenho do esquema de marca d'água SVD baseado em bloco para imagens médicas', *Conferência Internacional IEEE sobre Tendências Recentes em Tecnologia de Comunicação de Informação Eletrônica*, 633-636.

SOBRE O AUTOR

Pushpa Mala S obteve a sua licenciatura em Engenharia Eletrónica e de Comunicações no The Oxford College of Engineering, Bangalore, VTU, em 2006, e o seu mestrado em Tecnologia na JSS Academy of Technical Education, Bangalore, VTU, em 2009, com especialização em Design VLSI e Sistemas Integrados. Está a tirar o doutoramento na Universidade de Jain, Bangalore, Karnataka. Trabalhou como professora assistente no Sambhram Institute of Technology, Bangalore, durante 7 anos e trabalha atualmente na Dayananda Sagar University,

Bangalore, Karnataka. Tem 08 anos de experiência de ensino e é membro do IEEE, ISTE e ISTE. As suas áreas de interesse são Processamento Digital de Imagem, Design e Modelação VLSI e Processamento de Sinal.

yes
I want morebooks!

Buy your books fast and straightforward online - at one of world's fastest growing online book stores! Environmentally sound due to Print-on-Demand technologies.

Buy your books online at
www.morebooks.shop

Compre os seus livros mais rápido e diretamente na internet, em uma das livrarias on-line com o maior crescimento no mundo! Produção que protege o meio ambiente através das tecnologias de impressão sob demanda.

Compre os seus livros on-line em
www.morebooks.shop

Printed by Books on Demand GmbH, Norderstedt / Germany